# ゼロからはじめる力

堀江貴文



SB新書
507

Finally.... we reached space.
宇宙は遠かったけど、なんとか到達しました。
高度約113km
05：45–2019年05月04日
堀江貴文（Takafumi Horie）@takapon_jp

## はじめに

僕がファウンダーとなり、インターステラテクノロジズ（IST）という宇宙ベンチャーを立ち上げたのは、2013年1月だった。ロケットを開発し、打ち上げサービスを実施する会社だ。

それから7年、ISTは弾道飛行を行なう観測ロケット「MOMO（モモ）」を開発し、2019年5月4日に打ち上げた「宇宙品質にシフト MOMO 3号機」（以下MOMO 3号機）が高度100㎞以上の宇宙空間に到達した。日本の民間企業が民間資金で開発したロケットとしては初めて、世界的に見ても政府系組織以外の民間企業としては9社目の宇宙到達である。

これから僕らは、MOMOを使って低価格の「宇宙へものを届けるサービス」を展開していく。それだけではなく、次なる超小型人工衛星打ち上げロケット、「ZERO」の開発にも着手した。ZEROは「宇宙に行って、そして落ちてくる」観測ロケットではない。地球を回る人工衛星を打ち上げることができる、より大型のロケットだ。

子どもの頃、家にあった百科事典を読んで宇宙に憧れてから、もう30年以上が経った。本気で「ロケットを作って飛ばそう」と考え、動き出してからも14年かかった。でも、まだまだ始まったばかりだ。打ち上げ実績を積み重ね、もっと仲間を集め、お金も集め、ビジネスを展開し、どんどん宇宙に出ていきたい。地球を離れて太陽系を探検したいし、もっと遠くへ、恒星間空間へと行ってみたい。だから社名に「インターステラ（Interstellar：恒星間）」と入れた。

いや、「行きたい」だけじゃ済まない。「そうしないといけない」のだ。自分は、日本の未来のかなり大きな部分は、宇宙活動をどれぐらい展開できるかにかかっていると本気で思っている。そう、あっちこっちで話しているのだけれど、まだまだ十分にはわかってもらえてはいない。

この本では、ＩＳＴの活動がどんなものか、どんなことをやっているか、なぜそんなことをやるのか、を説明しつつ、同時に「日本が、僕らが、宇宙にどんどん出ていかなければいけない理由」を解説していこうと思う。

「宇宙？　私らの生活には関係ないよ」などと、もう言ってはいられない状況が、全世界で起きている。まだピンときていない人が大多数だけれど、世界中のあちこちで頭の巡りの早い人はもう気がついていて、どんどん動き出している。

「今日と同じ明日があると思うなよ」だ。「今日とまったく違う明日がやってくる」のだ。変化の波に乗るか、波に溺れるか。どうせなら、波に乗り風に乗り、まったく新しい世界を楽しみたいじゃないか。

**その鍵となるのが、宇宙なのだ。**

思えば、一番最初は、ＳＦ作家や漫画家などを中心とした集まりだった。技術も資金も足りない中、一歩進めては失敗と小さな成功を繰り返し、これまでやってきた。今は、技術者も増え、世界の民間宇宙開発企業と肩を並べられるまでになってきた。

そんな僕たちのゼロからの挑戦が、これからなにか新しいことを始めようとする人

インターステラテクノロジズの観測ロケット「MOMO」

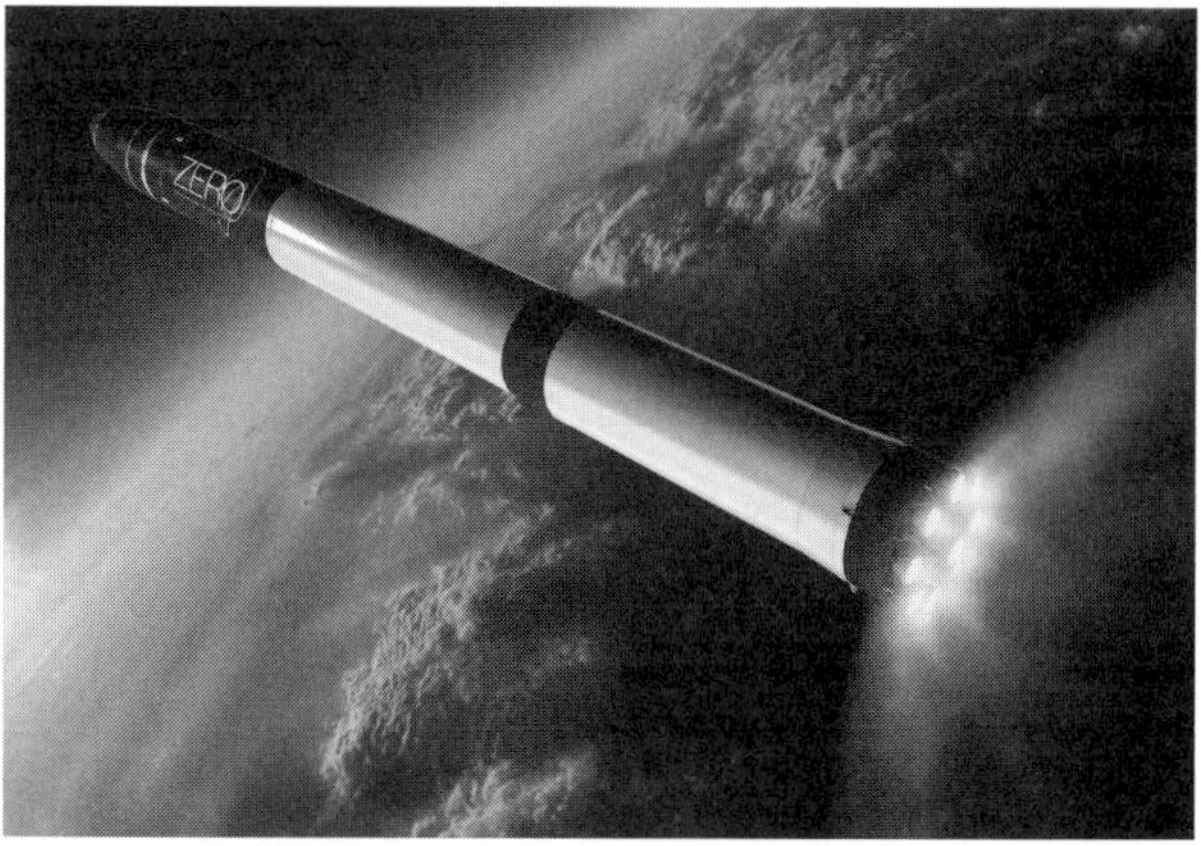


同社で開発中の人工衛星打ち上げロケット「ZERO」(イメージ図)

画像提供：ともにインターステラテクノロジズ

の背中を押せるとうれしいし、なにより、自分も宇宙開発に携わりたいと思ってくれる人が増えれば、幸いである。

2020年　3月

堀江　貴文

第1章

# なぜ、僕は宇宙を目指すのか

## ISTは正しいことしかしない

僕が宇宙開発やロケットにかかわっていることを知らない人もいると思うので、まずは、僕らの会社とその事業の話からしておこう。

インターステラテクノロジズ（IST）の本社は、北海道広尾郡大樹町にある。十勝平野の中核都市である帯広市から南に約50㎞の、酪農と漁業の町だ。町の中心部からさらにクルマで10分ほどの国道336号線の十字路に面した、元は農協のマーケットだった建物が、2020年現在の本社社屋兼工場である。この他に千葉県浦安市に東京工場も持っていて、今のところ2事業所体制で仕事を回している。

ロケットの打ち上げは、本社から8㎞ほど離れた大樹町字浜大樹の海岸に建設したロケット射場（射点設備）で行なっている。この場所は町有地で、かつては防衛省がジェットエンジンの運転試験をしていた。海岸に面していて防衛省の手でぶ厚くコンクリート舗装済み、しかも他に誰も使っていないという打ち上げに絶好の場所を大樹町から借りて、ロケットを打ち上げているわけだ。

世界を見れば、イーロン・マスクのスペースX社（米）や、アマゾンのジェフ・ベゾスによるブルー・オリジン社（米）など、宇宙開発ベンチャーが続々と出てきている。

スペースXなどは、すでに大掛かりな衛星の打ち上げを成功させているが、宇宙開発の市場はこれからであり、日本は必ず、宇宙産業の中でも世界のトップをとることができると思っている。

この章では、まずなぜ今、世界的に宇宙ビジネスが注目されているのか、また、なぜその中で日本はアドバンテージをとれるのか、この2点について、まとめていきたい。

あらかじめ言っておくが、実は、日本は地理的に見て、世界で最もロケットの打ち上げに適した場所なのだ。なかでもISTが本拠地とする北海道・大樹町は、世界的に見てもロケットに最高に向いている町なのである。

## 世界の宇宙産業

日本で日常忙しくしていると気づかない人もいるかもしれないが、今、世界では

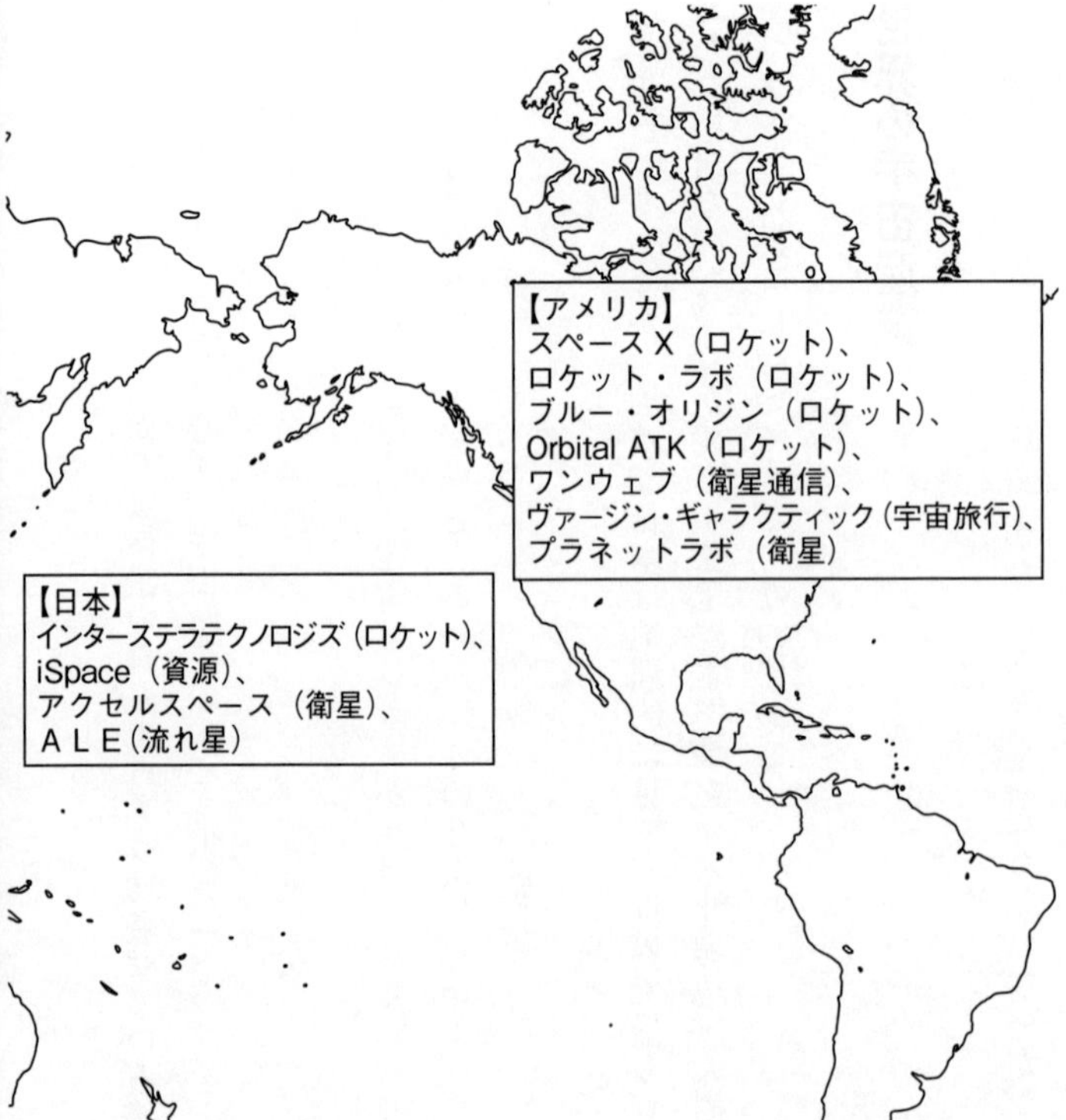
【アメリカ】
スペースX（ロケット）、
ロケット・ラボ（ロケット）、
ブルー・オリジン（ロケット）、
Orbital ATK（ロケット）、
ワンウェブ（衛星通信）、
ヴァージン・ギャラクティック（宇宙旅行）、
プラネットラボ（衛星）
【日本】
インターステラテクノロジズ（ロケット）、
iSpace（資源）、
アクセルスペース（衛星）、
ＡＬＥ（流れ星）

## 【世界の宇宙開発ベンチャー】

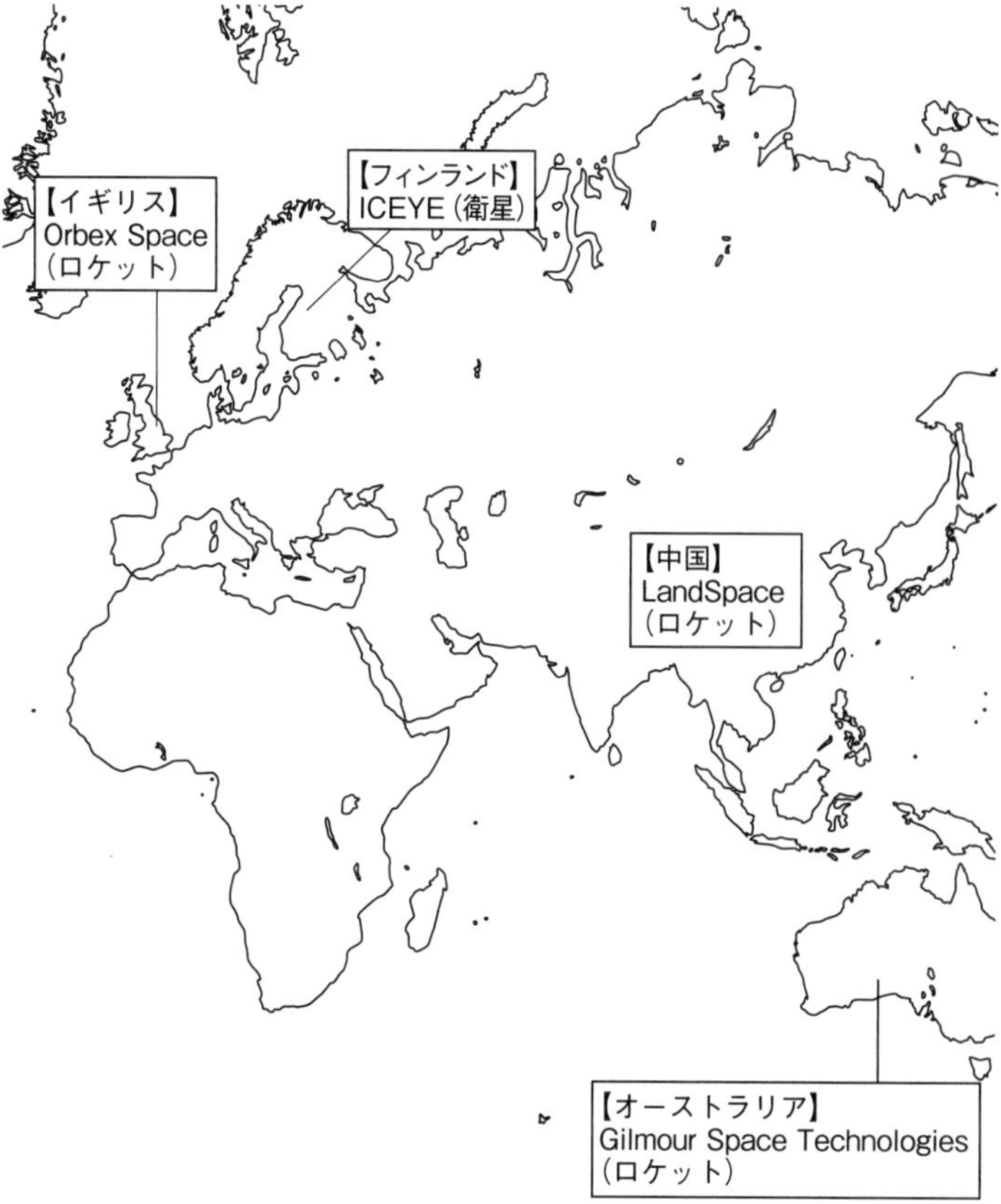

「ニュースペース」と呼ばれる、宇宙産業に関するベンチャー企業が続々と現れている。

スペースX社、小型ロケットのロケット・ラボ社（米）、ソフトバンクが出資する衛星事業のワンウェブ社（米）など、すでにユニコーン企業（設立10年以内で、評価額10億ドル以上の非上場のベンチャー企業）となっているところもある。

この背景には、世界的に宇宙開発の中心が国から民間に移りつつあるという流れがある。

そもそもロケット開発は、ミサイルなど軍事的な目的に使用される可能性があるため、国が主導権を持っていた時期が長い。

しかし、政府主導で宇宙開発を進めるには限界がある。

たとえば資金。政府主導の場合、国の予算を使うことになる。民間よりも資金が潤沢なのはいいが、その分、失敗ができなくなる。むしろ、「世界一のものを作らなくてはならない」と最高水準の技術を使おうとするため、必要以上にコストがかかる。

さらに、スピードも遅い。インターネットビジネスの現場にいた僕から見れば、雲泥の差がある。また、コスト削減を考えてビジネスを成り立たせようという意識が薄い。

結果、失敗を恐れて無用なコストをかけてロケットを作ることになり、打ち上げ価格も高くなってしまうのだ。

アメリカのスペースシャトルが途中で失速した理由の1つにも、政府主導の開発であったことが挙げられるだろう。当初は「低コストで宇宙に行く」というコンセプトのもと、1回30億円で1年で50回打ち上げることを目標としていたが、実際には1回の打ち上げに500億円以上かかり、最高でも年間9回の打ち上げしかできなかった。

その点、民間主導であれば、コスト意識も競争意識も働く。僕らのインターステラテクノロジズも、政府主導のロケットよりもずっと安く打ち上げを行なうことを目指している。

そもそも「宇宙のことは国がやるのが常識」という考え方が、すでに意味がないのだ。宇宙だって、本当は誰でも行けるはずだ。1990年にはTBSが当時の宇宙開発事業団（NASDA）に先駆けて、社員だった秋山豊寛さんをジャーナリストとしてロシアの宇宙ステーション「ミール」に送り込んでいるのだから。

そろそろ宇宙も、民間に開かれていくべきだ。

## 増える衛星、足りないロケット

では、こうしたベンチャーたちは何を狙っているのか。

世界でロケット開発ベンチャーが活発化している理由は、今後衛星打ち上げ需要が大幅に増えると予測されているからである。

特に重さ500kg以下の小型衛星は2027年までに累計で7000機が打ち上げられるとの予測もある（ユーロコンサル調べ）。

衛星を打ち上げるには、当然、ロケットが必要だ。

現在、実際に衛星の打ち上げができそうなロケット開発企業は、スペースXやロケット・ラボなど、世界に数社しかない。打ち上げたい衛星の数の割に、圧倒的にロケットが足りない。さらに本格的に多くの衛星が打ち上げられることになったら、途中で故障することもあるだろう。すると、壊れた衛星の補充をするニーズも出てくるはずで、衛星打ち上げのニーズはますます高まる。
そこに参入しようというのが、僕らの目論見なのだ。

# 宇宙産業の発展で、社会はどうなるか

## 宇宙に行って、何ができるの？

宇宙開発とか宇宙産業とか、言葉は聞いたことはあるけれど、実態としてそれって何?と思う人は多いだろう。が、今、あなたは間違いなく宇宙開発の恩恵を受けている。一番はっきりわかるのが、スマートフォンのナビや、カーナビだ。ナビ――ナビゲーションシステムは、地球を覆うように飛んでいる何十機もの衛星からの電波を受けて、自分の位置を測定する仕組みだ。テレビを点けてみよう。映っているチャンネルがＢＳだったりＣＳだったりしたら、その電波は赤道上空３万６０００㎞の静止軌道に位置する通信衛星や放送衛星から、あなたの家の受像機に届いたものだ。

あるいはGoogle MapでもBing Mapでもなんでもいいから、ネットで地図を見てみよう。世界中の地図を作るための基礎となるデータは、地球観測衛星が集めたものだ。ネット地図では、地図情報だけではなく、実際の地表の写真画像を表示することもできる。絶海の孤島であっても写真画像が表示できる——地球観測衛星がくまなく地表を撮影し、そのデータが蓄積されているからこそできることである。

スマホの天気予報アプリを立ち上げれば、まさに現時点における地球の雲の状況を画像で見ることができる。その画像は気象衛星「ひまわり8号」が撮影したものだ。ひまわり8号は、静止軌道から地球の半球を10分間隔で撮影し続けている。ひまわり8号の画像は、ただきれいなだけのものではなくて、そこから風向風速や雲の状況を読みとって、コンピューター・シミュレーションを使った天気予報を計算するのに使われている。

だから実際問題として、**今の日本に宇宙と関わりを持たずに生きている人はほとんどいない。**まったくいないと言い切ってもいいぐらいにいない。そして、こうした衛星の利用はこれからますます増えていくだろう。

今後、衛星や宇宙活用などが広がる中で、どのようなサービスが生まれて、社会にどんな変化が起こるのか、まとめてみた。

実際には、まだ宇宙開発も始まったばかりで、予測の域を出ない部分もある。しかし、これからの宇宙と僕らのかかわりを予想するための参考にはなるかもしれない。

## 衛星ビジネスで何が変わるか

宇宙関連のビジネスの中で、すでに広く利用されているのが、宇宙から届く各種データを使うビジネスだ。これには、大きく分けて次の4つがある。

### 1　位置がわかる（ナビゲーション）

よく使われるのがカーナビなどのナビゲーションサービスだ。それを活用して、物流の効率化やポケモンGOなどの位置情報ゲームができるし、自動運転技術と組み合わせて、位置を確認しながら農業機械を自動走行させるといった使い方も考えられている。

**2 通信と放送**

テレビやCSなどの放送、砂漠や南極などを含めて地球上どこにいてもインターネットでの通信が可能になる全地球インターネットなどが該当する。

**3 地球観測**

現在のような天気予報だけでなく、紫外線情報や、魚群情報など、様々なデータを活用することができる。また、金融業界では、店舗の駐車場の空き具合から業績を予想するなどといった利用を念頭に、関心を持つ企業も増えている。

**4 科学観測**

宇宙の観測をするための衛星。

次ページの図に概要をまとめた。

## 【衛星ビジネスで何が変わるか】

1）位置がわかる（ナビゲーション）

スマート農業

トラクターなどの農機の位置を確認して自動走行を可能に

ナビ・カーナビ

位置情報ゲーム
（ポケモンGOなど）

宅配・郵便・物流

配達状況をリアルタイムで把握。
固定された住所でなくても荷物を届けられる。
物流では、位置情報を確認して、配車などを最適化

参考：宙畑「宇宙利用マップ」https://sorabatake.jp/216/（2019)、KUBOTA PRESS「クボタの「農機自動運転」はここまで来た！ 農業の未来を担う、その実力とは」(2017)、OKHiのホームページ https://www.okhi.com/（2020年2月10日検索)、内閣府「衛星データをビジネスに利用したグッドプラクティス事例集」(2014)

2）通信と放送

全地球インターネット

テレビ
（新4K、8K）

3）地球観測

天気予報・
紫外線情報

防災・被害情報の
確認・防衛

森林（違法伐採の監視
・植生の分布の調査）

農作物の
生育状況の確認

魚群探査

住宅地図などの情報
から、物件管理、営業
支援・配送支援など

業績予測（店舗の
駐車場の混雑具合
などを活用）

4）科学観測（望遠鏡衛星に探査機）

例：ハッブル宇宙望遠鏡など

## 宇宙空間の利用

実現はまだ先のことになるかもしれないが、宇宙空間そのものを利用しようという計画もある。

よく知られているのは、いくつかの米宇宙ベンチャーがやろうとしている宇宙旅行や宇宙ホテルだろう。日本には、特殊な粒を宇宙から撒くことで人工流れ星を流すALE社というベンチャーもあるが、これも民間ならではの発想だ。また、惑星でレアメタルなどの資源を探そうという試みもある。

宇宙太陽光発電というものもある。通常の太陽光発電は地球の地面にパネルを置くが、それだと曇っていたら発電できないし、すべての太陽光を効率的に利用することもできない。そのため、宇宙空間で太陽光発電を行なって、電力エネルギーを電波のかたちで地球に伝送しようというものだ。

## 【宇宙空間の利用】

資源探査
小惑星などで資源となる金属などを探す

人工流れ星

宇宙旅行・ホテル

宇宙太陽光発電

普通なら地上に届かなかった太陽のエネルギーを、宇宙空間においてマイクロ波もしくはレーザーに変換し、地球に伝送して電力として利用するシステム

参考：宙畑「宇宙探査マップ」（2019）、iSpace のホームページ https://ispace-inc.com/jpn/（2020 年 2 月検索）、JAXA「宇宙太陽光発電システム（SSPS）について」http://www.kenkai.JAXA.jp/research/ssps/ssps-ssps.html（2020 年 2 月検索）

## 宇宙関連産業

最後に、宇宙開発や衛星サービス事業を成り立たせるための事業者として、どんなものがあるのかをまとめておきたい。自動車産業であれば、全体を組み立てる工場の他、部品工場、整備工場、販売会社など様々な企業によって成り立っているが、宇宙産業も同様で、いくつかの事業者によって、産業が成り立つ。そこには、自動車産業同様、雇用も生まれるはずだ。

**【衛星関係の事業】**

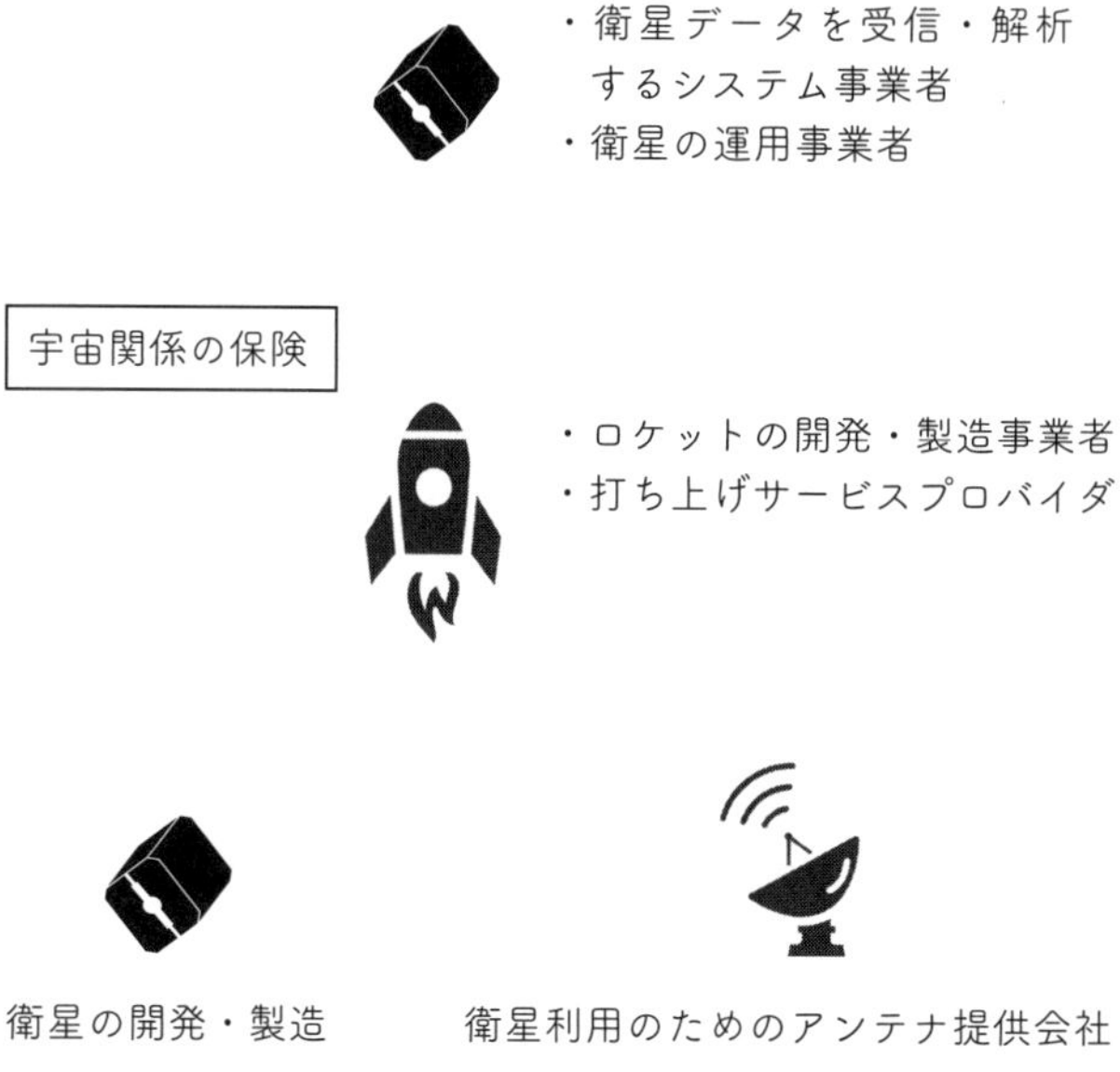


参考：宙畑「宇宙基盤マップ」(2019)

## インターステラテクノロジズで僕らが目指すこと

今、宇宙にモノを届けるとしたら、いくらかかるのか。ロケット1回の打ち上げ価格とか、1kg当たりの打ち上げコストとか、指標はいくつもあるのだが、ここではざっくりと1回の打ち上げ、つまり1つの契約、1つのビジネスにいくらかかるかで考えてみよう。それは利用者から見ると、事業者として一度にどれだけの額の決済をする必要があるか、ということである。

これまでの政府主導で開発されたロケットでは、現状で1回の打ち上げにかかる値段は50億〜100億円といったところだ。たとえば、日本のH-IIAは、大体1回100億円。開発中の次世代ロケット「H3」は半額にすると言っている。つまり1回50億円。

10事業者で相乗りしたとしても、1社5億円だ。そんなにお金がかかるサービスでは、使う人が限られてしまう。

産業が発展するためには、様々なプレイヤーが入っていかなくてはならない。この価格のままでは、宇宙産業が大きく成長することはない。僕らが子どもの頃に夢見た「ガンダム」や「宇宙戦艦ヤマト」の時代はやってこないのだ。

そこを解決するのが僕らＩＳＴの仕事だ。

宇宙でビジネスを行なうためには、人や物資を宇宙に運ばなければならない。どんなに高性能な人工衛星を作ったとしても、ロケットで宇宙空間まで持っていかなければ、意味がない。

したがって、今後の宇宙産業の発展のためには、宇宙空間への「輸送」を低価格かつ安全に行なわなければならない。

だからこそ、僕らは、宇宙の「スーパーカブ」を目指している。そう、ロケットは「輸送業」なのだ。

はっきりいって、ＪＡＸＡのようにお金をかければ、ロケットは飛ぶ。でも、そうしないのは、低コストで宇宙に行ける世界を作り、宇宙を身近にしたいからだ。だからこそ、ホームセンターでパーツを探したり、材料を自社加工して使ったりと、僕らは様々な工夫をして低コストのロケットを開発している。このあたりについては、また別の章で詳しく紹介したい。

## 世界の宇宙開発市場で、日本の勝算はあるか

２０２０年現在、世界の宇宙ベンチャーの先頭を走っているスペースXは、「ファルコン９」「ファルコン・ヘビー」という大型ロケット２機種を、年間10〜20機打ち上げている。さらに、２０１９年からは、軌道上に１万２０００機もの通信衛星を打ち上げて、世界中のどこでもブロードバンド・インターネットを使えるようにする「スターリンク」という衛星システムの構築を開始した。２０２０年２月現在、すでに３００機ものスターリンク衛星が打ち上げられている。

スペースXに代表される、先行ベンチャーの動向を見ていると、これから日本は追いつけるのかと疑問に思う方もいるかもしれない。

それについて、僕の確信を述べていきたい。

日本の最大の強みは、工場と射場を近くに設置できること、そして日本という国の地理的な位置そのものにある。

## 工場から打ち上げ場所（射場）まで8kmの近さ

アメリカは東海岸フロリダ州のケープ・カナヴェラル（米航空宇宙局のケネディ宇宙センターおよび隣接する米空軍のケープ・カナヴェラル空軍ステーション）と、西海岸カリフォルニア州のバンデンバーグ（バンデンバーグ空軍基地）と、2つの主要なロケット打ち上げ拠点を持っている（ちなみにアメリカは他にも小さな打ち上げ施設を持っているし、最近では民間企業が独自に施設を建設する動きもある）。が、ロケットといえば、全米各地で製造したものを、長い距離を運んでいって打ち上げているのだ。

今をときめくイーロン・マスク率いるスペースXだって、ロケットは西海岸のロサンゼルスにある工場で製造して、延々トレーラーでケープ・カナヴェラルやバンデンバーグまで運んで打ち上げている。

**【IST（大樹町）とスペースX（アメリカ）の射場までの距離の違い】**

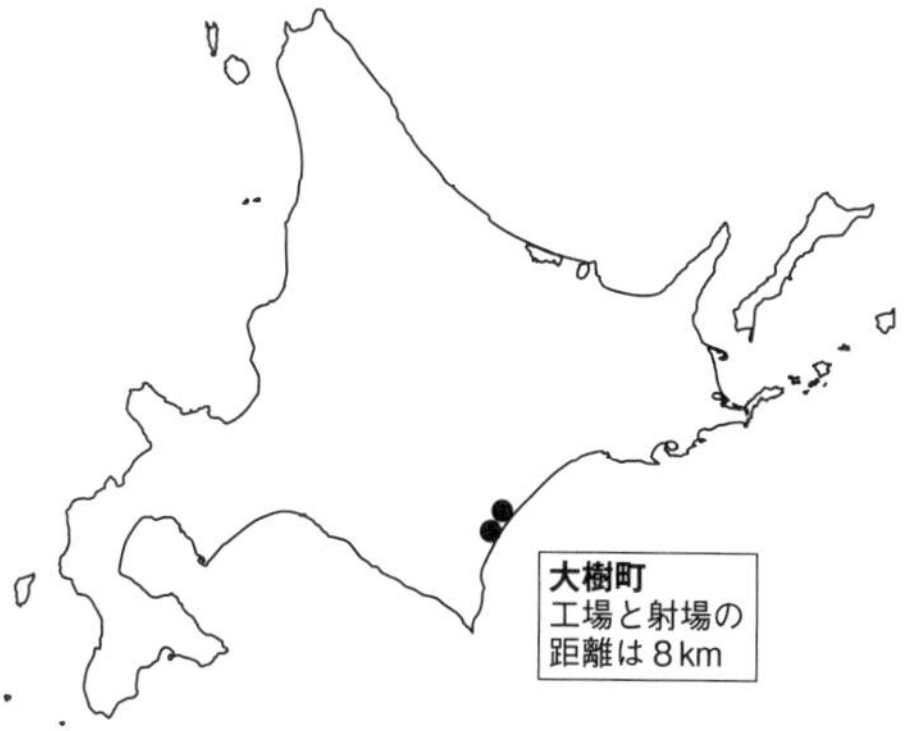


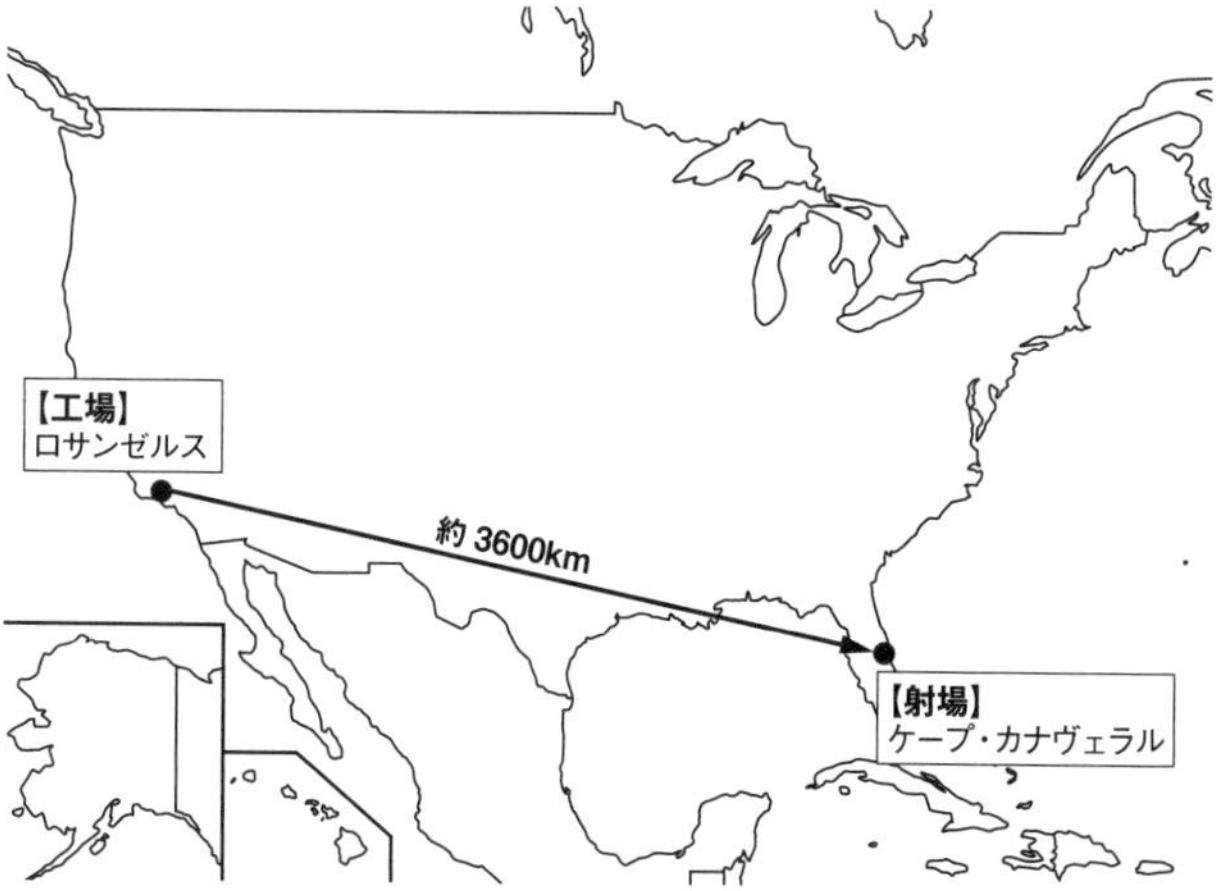

欧州はもっと大変で、ロケットの打ち上げ基地は南米大陸のフランス領ギアナにある（ギアナ宇宙センター）。欧州各地で製造した部品をフランスに集めてロケットを組み立て、完成品は貨物船で大西洋を横断してギアナに持ち込んで打ち上げている。ロシアも中国もインドも、移動距離には差があるが、巨大なロケットをかなりの長距離を運んで打ち上げていることには変わりはない。

対してＩＳＴは、大樹町の本社・ロケット工場と射点設備とが、８㎞しか離れていない。ロケット製造工場から射点まで８㎞ちょいというのは、本当に素晴らしい環境なのだ。その分、輸送費は安くなるし、なにかトラブルが出ても、工場から駆けつけて対策を打つことができる。たったそれだけのことと思う人もいるかもしれないが、これはロケットを頻繁に打ち上げるようになったら、仕事の効率に大きく効いてくるはずだ。

今、アマゾンのジェフ・ベゾスが、自らの経営する宇宙ベンチャーのブルー・オリジン社のロケット製造工場を、ケネディ宇宙センターのすぐ横に建設している。同社が開発中の巨大ロケット「ニュー・グレン」を射点近くで製造するためだ。僕らは、規模はずっと小さいがジェフ・ベゾスに先駆けて同じような環境を作り上げたわけである。

## 国内で部品を調達できる

しかも、大樹町は日本国内である。

何を当たり前なことを言うんだ、と思われるかもしれないが、これはとても重要なことなのである。日本には色々なメーカーが立地していて、世界最先端の機器を製造している。ロケットに使われる各種センサー類、炭素繊維複合材料などの素材、その加工に使われる工作機械などなど――。

これらは、日本国内で日本の会社や個人が買って、使うことができる。ところが輸出するとなると、輸出規制の対象になり得る。ということは、これらを諸外国から調達せざるを得ない国では、ロケットを作るのは大変に難しい。

しかし日本国内で入手し、日本国内で加工してロケットとして組み上げ、日本国内から打ち上げるなら何の問題もない。最先端の工作機械や材料が手に入るというのは、当たり前のことではなく、世界的には大変素晴らしい環境なのだ。

## ロケットはどこに向かって飛んでいくのか

最後に一番大事な地理的条件についても話しておこう。

結論から言えば、北海道の大樹町は、世界有数のロケット打ち上げに適した場所である。

そのことを説明したいのだが、その前に2点、予備知識としてロケットと軌道の話をしておきたい（あまり詳しくない方のためにまとめたが、すでにある程度知識がある方は飛ばしてもらっても構わない）。

### ①ロケットはどこに向かって打ち上げられるのか

さて、皆さん、ロケットはどっちに向かって飛んでいくかご存じだろうか。

「上に飛んでいくんだろ、そんなこと知っているよ」——ブー、間違いである。

人工衛星が地球を回っているということは知っているだろう。もしも打ち上げたロケットがどんどん上へ飛んでいったら地球を離れていくことになって、地球を回る軌道に衛星を投入できない。

答えは「横」、ないしは「水平」だ。ロケットは水平方向に加速して、最終的に地球を回る軌道に衛星を投入する。横方向にもっともっと加速すると地球を接線方向に離れていって戻ってこない軌道に入る。これが太陽系探査機の打ち上げということになる。

しかし地球には空気がある。地表で横に加速したらものすごい空気抵抗を受けるし、ロケットの速度だと空力加熱といって、ロケットが空気抵抗で加熱されて熱くなります

【ロケットはどちらの方向に飛ぶか】

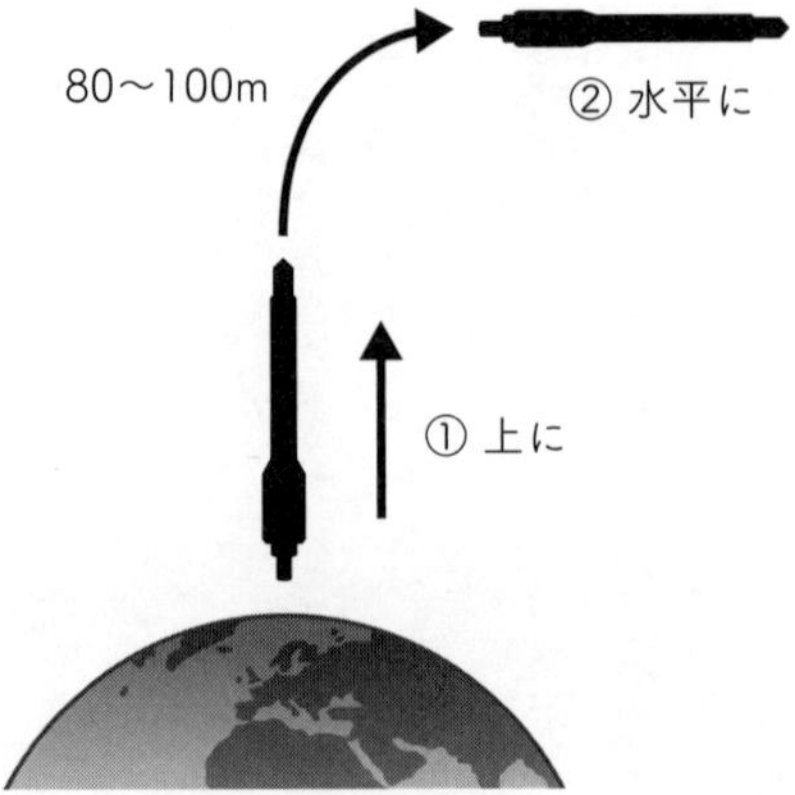


ぎてしまう。

そこで、最初は上に向かってロケットを打ち上げる。高度80㎞とか100㎞の十分に空気が薄い高度まで登っていってから水平に加速するのだ。実際には打ち上げ直後から、徐々に機体を水平に傾けていって水平方向に飛ぶようにするのだけれど、大ざっぱで模式的な理解では「100㎞まで上に飛んで、それから水平方向に加速する」と思って大きな間違いではない。

確認したければ、今は飛んでいくロケットに搭載したカメラから周囲を撮影した映像がYouTubeのような動画サイトにいっぱいアップロードされている。それらを見ればいい。

## ②地球を回る軌道について

もうひとつ、地球を回る軌道に関する知識を身につけておこう。この知識があると「なぜ北海道・大樹町は世界最高のロケット打ち上げ場所なのか」がはっきり理解できる。

人工衛星にせよ、あるいは天然の衛星である月にせよ、地球の重力に引かれて周囲をくるくると回っている。この回っている道筋のことを軌道という。

軌道というと、BSの衛星が乗っている静止軌道くらいしか聞いたことがない人もいるかもしれないが、軌道には、大きな軌道に小さな軌道、ちょっと傾いた軌道に大きく傾いた軌道、目を隠すようにかぶった帽子のつばと伊達に斜めに被った帽子のつばのように、傾きの方向が異なる軌道など様々なものがあり得る。

また、軌道は、物体運動の物理学で厳密に計算することができる。もっとも理解するだけなら計算を覚える必要はなくて、軌道が持つ性質をいくつか理解すればいい。

まず、軌道は楕円を描く。もちろん完全な円でもいいが、円は楕円の一種なので、「楕円を描く」と覚えればいい。そして、軌道は1枚の平面に完全に乗る。地球の中心（正確には重心）を横切る平面だ。この平面のことを軌道面という。この軌道面と赤道面とのなす角度を、軌道傾斜角という。軌道傾斜角は軌道の性格を決める重要な数値だ。

このことからすぐにわかるが、地球を、天使の輪っかのようにして巡る軌道はあり得ない。

そして軌道を1周回る周期は、軌道の大きさによって決まる。地球に近い、低い軌道は周期が短いし、地球から遠い、高い軌道は周期が長い。地上約400kmの高度を巡っている国際宇宙ステーション（ISS）は、地球を1時間半ほどで1周する。対して地球から38万kmも離れている月は、軌道を一周するのに27日かかる。

ひとつ、覚えておくべき特別な軌道がある。**静止軌道**だ。赤道の上空3万6000kmの円軌道である。赤道上空だから、軌道傾斜角は0度となる。

**【静止軌道と極軌道】**

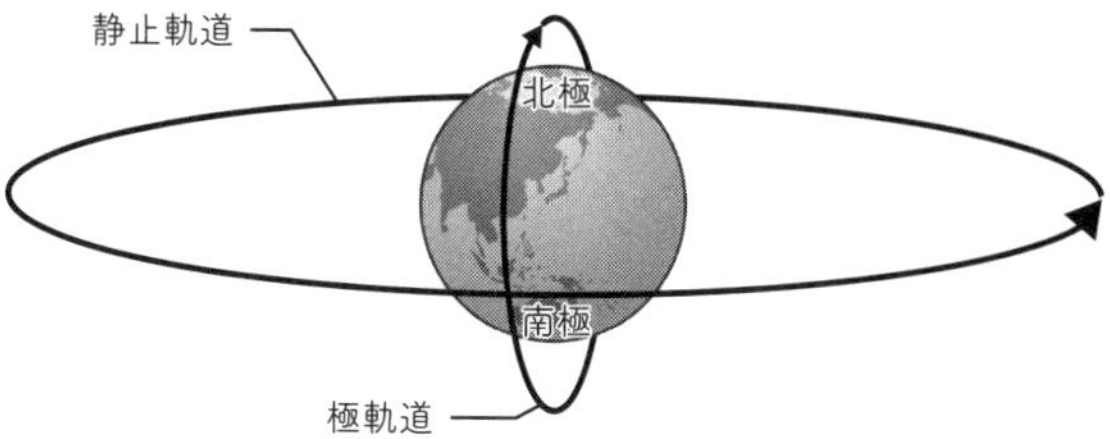


静止軌道の周期は地球の自転周期である24時間と等しい。つまり、この軌道を地球と同じ方向に巡る衛星は、地表から見ると空の1点にあたかも静止しているかのように見える。ということは、地上側のアンテナをその方向に向けて固定しておけば、それだけでいつでも衛星との通信ができるようになる。あるいは、衛星から地球を見ると、いつも地球の同じ面を見ることができる。

静止軌道は、通信を中継する通信衛星や、衛星放送を行なう放送衛星、気象を観測する気象衛星などが利用している。つまり、ロケットからすれば「打ち上げの需要が多い軌道」だ。

もうひとつ、覚えておいて損はない軌道がある。地球を南北に巡る**極軌道**《きょくきどう》だ。軌道傾斜角が90度に近い軌道である。地球は東方向に回っている。だから南北に巡る軌道に衛星を打ち上げると、地球の表面をくまなく観察することができる。だから極軌道は地表を観測する地球観測衛星がよく使用する。

極軌道は高度500㎞付近から800㎞あたりの軌道がよく使われる。軌道傾斜角は直角よりやや大きい98度付近であることが多い（これにはもちろん理由があるのだけれど、物理学的に面倒な話になるので省略する）。

というわけで今のところ、2種類の打ち上げ方向が、ロケット打ち上げの大多数を占めている。東への打ち上げと南ないし北への打ち上げだ。東向きの打ち上げは静止軌道への打ち上げで、南ないし北への打ち上げは、極軌道への打ち上げというわけである。

## ロケットを打ち上げられる場所は、世界でも限られている

さて、ここでロケットを打ち上げることができる場所の条件を考えてみよう。

今のロケットは多段式ロケットだ。1段、2段と使い終わった段をどんどん切り離して捨てていき、身軽になっていく。ということはロケットの飛行経路に沿って、1段、2段と使い終わった部分が落下する。下に人がいたら大変だ。

このため、ロケットの打ち上げは、飛行経路の下に人が住む地域があってはいけない。となると、飛行経路の下がずっと海であるというのが一番いい。多くの打ち上げは東側か、南か北かの打ち上げだ。つまり、ロケットの打ち上げ場所としては東と南あるいは北がずっと広大な海であるところがよいということになる。

さあ、ここで地球儀を眺めてみよう。ない人は、Google Earthでもいいだろう。地球上の、どこにそんな場所があるか。

そうだ。日本だ。日本は東側も南側も広大な太平洋に面している。太平洋には小さな諸島が散在しているがそれらを避けるようにして打ち上げを行なうことは決して難しくない。つまり、**日本は地形的に宇宙国家であるための最適な条件を満たしているのである。**

これがいかに恵まれた環境かは、他の国のロケット射場がどんな環境かを見ていくとはっきりわかる。

アメリカの2か所――東海岸フロリダ州のケープ・カナヴェラルは、大西洋に面して東に開けているが、北は北米大陸、南は南米大陸があるので極軌道への打ち上げはできない。西海岸カリフォルニア州のバンデンバーグは、南に向かって極軌道への打ち上げができるが、北米大陸西側なので東側に向かって打ち上げることができない。

欧州が使っている南米フランス領ギアナのギアナ宇宙センターは東へも南へも打ち上げ可能だが、利用するためにはロケットを大西洋を横断して運ぶ必要がある。

ロシアも中国も、アジア大陸の内陸部に打ち上げ基地を持っている。すると切り離した第1段や第2段は陸上に落ちることもある。無人の地に落ちるならまだしも、中国では過去に、それなりに人が住んでいる場所に落ちたこともあった。ネットでは「落ちてきたロケットの残骸で家が壊れた」みたいな映像を見ることもできる。

最近になってロシアは極東シベリアのボストチヌイに、中国は南シナ海に面した海南島に新しい射点を建設して運用を始めた。が、ボストチヌイはそれなりに内陸だ。

ボストチヌイ建設の主な理由は、旧ソ連時代から使ってきたバイコヌール宇宙基地がソ連崩壊後にカザフスタン領になってしまって、カザフスタンに使用料を払わねばならなくなったからである。また、海南島は周囲にフィリピン、インドネシア、ベトナムなどの人口が密集する陸地があって、そんなに自由自在に打ち上げ方向を選べるわけではない。

インドは、インド亜大陸東岸・スリハリコタに立地するサティシュ・ダワン宇宙センターからロケット打ち上げを行なっている。

ここは、東にも南にも打ち上げ可能だが、東側のベンガル湾は狭いので打ち上げ時にロケットが通る経路（専門用語でトラジェクトリという）に制約を受ける。また南方向への打ち上げではスリランカがひっかかるので、トラジェクトリを陸地を避けるようにぎゅっと曲げてやる必要がある。トラジェクトリが犬の脚のようなかたちになるので、ドッグレッグターンという。これをやると打ち上げに余分なエネルギーが必要になるので、打ち上げ能力は低下する。

【世界の射場】

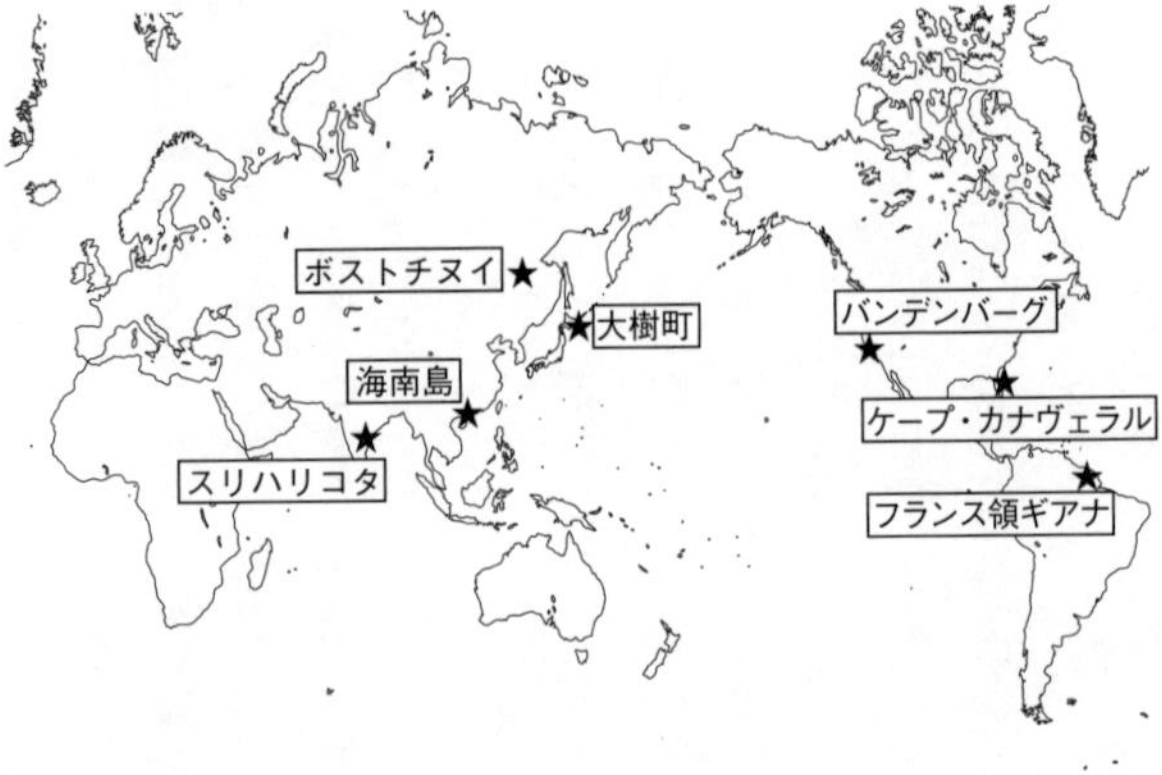


もっとかわいそうなのは、韓国や北朝鮮、イスラエルなどだ。韓国と北朝鮮は人口稠密な日本列島が東から南にかけて横たわっているので、海峡上空を通るごく限られた方向への打ち上げしかできない（北朝鮮がそういう配慮をせずに日本上空を通過して打ち上げるとしたら、まあできなくはないが、結構大きな国際問題になるだろう）。イスラエルは東側が陸地なので、西側の地中海に向けてしか打ち上げることができない。西向きの打ち上げは、地球の自転速度を打ち上げに使うことができないので、大変なハンデである。

変な言い方だが、ロケットを打ち上げる

となると地球は狭いのだ。どの国も、地理的条件の制約を受けて四苦八苦しながらロケットを打ち上げている。

それやこれや考えると、**地球上で最も広い海である太平洋に面して、東も南も開けている日本は、いかに恵まれているかがわかるだろう。**これで宇宙産業が発達しなかったら嘘だ、と言えるぐらいよい環境なのである。

日本が今後テクノロジーやインターネットの世界で勝ち抜くのは難しいと思う。GAFAMを見ればわかるが、相当に強い。

**今後、日本が勝てる市場は2つある。その1つがロボティクス、もう1つがこの宇宙だ。**

そして宇宙産業については、日本の地域的な優位性を十分に生かすことができるのだ。

## 大樹町は今や最高のロケット打ち上げ地だ

「日本が恵まれていることはわかった。でも、なぜ北海道の大樹町なの？すでに日本は鹿児島の大隅半島・内之浦と種子島にロケット打ち上げ基地を持っている。そっちのほうがいい環境なんじゃないの?」

もっともな疑問だ。それに対する答えは「内之浦と種子島に射場を作った1960年代はその通りだった。今は条件が違う」だ。

鹿児島県の大隅半島・肝付町《きもつきちょう》にある内之浦宇宙空間観測所は1962年に、種子島の種子島宇宙センターは1966年に、それぞれ開設された。現在はともに宇宙航空研究開発機構(JAXA)の施設である。

ロケット射場に好適な場所には、「東と南に海が開けている」というだけではなく、色々な条件がある。

大きな音が出るから周囲に人口密集地がないこと、様々な施設を建設する必要があるから、十分広い土地が確保できること、年間を通じて天候が安定していること、通信や水、電力などが苦労せずに手配できること、あまり飛行機や船が通らず、航空路や船の航路が混雑していないこと、ロケットが上空を飛ぶ海域で操業している漁業者の協力が得られること、大型のロケットを運び込むために交通が便利であること、トラブルなどに備えて付近に協力してくれる企業や工場が立地していること——これら矛盾する条件をうまく組み合わせて、ロケットの発射場所を選定しないといけない。

内之浦に射場を作ったのは、当時の東京大学だ。東大のロケットは鉄道、つまり当時の国鉄の貨物列車で運んでいた。射場建設の決め手となったのは、内之浦の隣町だった高山《こうやま》を国鉄・大隅線が通っていたからだ。大隅線の大隅高山駅（現在廃駅）までロケットを貨物列車で運び、そこからはトラックで内之浦まで運ぶという輸送手段があったことが、内之浦選定の大きな理由となった。

種子島はといえば、「なるべく南に位置する」という条件が選定の大きな理由となった。というのも1966年当時は、静止軌道への衛星打ち上げが重要な目標だったからだ。赤道上空の静止軌道への打ち上げは、なるべく赤道に近い場所から打ち上げたほうが打ち上げに必要なエネルギーが少なくて済む。その意味では沖縄のほうが赤道に近いが、当時はまだ沖縄はアメリカから日本に返還されていなかった。

しかし内之浦も種子島も共通の弱点を抱えている。南に向けて極軌道への打ち上げを行なう場合、そのまままっすぐ南方向に打ち上げると陸上の上空をロケットが通過してしまうのだ。種子島の場合は、まっすぐ南に打ち上げると東大東島など南にある有人島の上を通過することになる。そこで、いったん東方向にロケットを打ち上げて沖合いに出して、途中でトラジェクトリをぎゅっと南に曲げるドッグレッグターンが必要で、打ち上げ能力が下がってしまうのだ。スリランカを避けねばならないインドの極軌道打ち上げと同じである。

では、大樹町はどうか。

○人口密集地がないこと——一番近い都市圏は帯広市で、50㎞離れている。ＯＫだ。

○十分広い土地が確保できること——これも問題ない。ＯＫである。

○年間を通じて天候が安定していること——一番の問題は冬の降雪だが、大樹町付近は北海道でも雪の少ない地域だ。OK。

○通信や水、電力などが苦労せずに手配できること——大樹町は牧畜と漁業の町だからかなり広く電力線は通っているし、水も豊富だ。通信も市街地なら光ファイバーが来ているし、今や市街地から離れた射点付近だって、携帯電話会社に頼んでアンテナを立ててもらえばらくらく高速データ通信が可能になる。OK。

○あまり飛行機や船が通らず、航空路や船の航路が混雑していないこと——空路は帯広空港への航空路があるが、そんなに過密ダイヤで旅客機が飛んでいるわけではない。また、沖合いの湾岸航路もひっきりなしに船が通るというほどではない。当局と十分に話し合って打ち上げ可能時間帯を設定すれば、打ち上げは可能だ。これもまたOK。

○ロケットが上空を飛ぶ海域で操業している漁業者の協力が得られること——大樹町は沖合いで活発に漁をしている漁業の町でもある。また釧路方面からも漁船が沖合いに来て漁をしている。が、これもきちんと話し合って了解を得た上で打ち上げを行なえば、問題にはならない。なにより打ち上げ時の沖合いの監視や、場合によっては会場に落とした実験装置の回収などは、漁船にお願いすることになる。漁業者との協力は、むしろロケット事業を進めるに当たって必要不可欠だ。OK。

○大型のロケットを運び込むために交通が便利であること——道は整備されている。最寄りの舗装路から射点へと続く道は未舗装で細いが、これはロケット開発と合わせて整備を町や道にお願いしていけばいい。すぐ近くに帯広空港があるのは、今後打ち上げる衛星を搬入するという面では大きな利点だ。OKだ。

○付近に協力してくれる企業や工場が立地していること——大樹町だけではなく、50km先の帯広や、130km離れた釧路方面に行けば、様々な企業や工場があって、仕事を頼むことができる。これまたOKだ。

そしてなによりも大切なこと。射場のある浜大樹《はまたいき》の海岸から見て、東から南方向の海には、人が住む陸地がない。つまり、打ち上げ能力が下がるドッグレッグターンをしなくとも、どの方向に向けてもまっすぐロケットを打ち上げることができる。

もちろん、大樹町にも不利な点はある。一番大きな問題は、北緯42・5度という緯度だ。赤道上空の静止軌道への打ち上げは赤道に近い場所ほどエネルギー的に有利になる。同じロケットならより重い衛星が打ち上げられるし、同じ重さの衛星ならより小さなロケットで打ち上げることが可能になる。種子島は北緯30度で、それだけ静止軌道への打ち上げは大樹町より有利だ。

ちなみに、南米フランス領ギアナのギアナ宇宙センターは北緯5度と、世界で最も静止軌道への打ち上げに有利な立地だ。この利点を生かして、1990年代から2000年代にかけて欧州のアリアンスペース社のロケットは、静止軌道への商業衛星打ち上げで市場の過半を占めて「商業打ち上げの覇者」となった。

が、今や時代は変わりつつある。静止軌道の通信衛星や放送衛星の代わりに、高度500〜1300km程度の低い軌道に、数百から1万以上の小さな衛星を打ち上げて通信ネットワークを作る低軌道コンステレーションの登場だ。欧州エアバスと組んだ宇宙ベンチャーのワンウェブや、スペースXがどんどん計画を進めていて、すでに一部の衛星打ち上げも始まっている。その結果、相対的に静止軌道への打ち上げ需要は減る可能性が出てきているのだ。

低軌道コンステレーションは、様々な軌道傾斜角の軌道を使う。だから東から南にかけて、どの方向へも打ち上げが可能な大樹町は、コンステレーション向けの打ち上げに大変向いている。

これから市場に出ていこうとしているISTにすれば、すでにアリアンロケットを運用するアリアンスペースや、2010年代になって急速に伸びてきたスペースXがおさえている静止軌道打ち上げにこだわる必要性は薄い。これから活発になるであろう低軌道コンステレーションへの打ち上げ需要を狙ったほうがずっといい。

そもそも、僕らが今作ろうとしている衛星打ち上げロケット「ZERO」はアリアンスペースやスペースXのロケットよりずっと小さくて、大きな商業静止衛星を打ち上げることはできない。

だからISTにとって、北緯42・5度という大樹町の場所は全然ハンデではない。むしろ、東から南にかけてのすべての方向に打ち上げ可能という利点のほうがずっと大きな意味を持つ。

この利点を生かせば、日本が世界でイニシアチブをとる可能性は大いにある。

## 必要なことしかやらない、必要なことはなんでもやる

ＩＳＴはロケットによる打ち上げビジネスを立ち上げるための、最高の方法を考え抜いた上で、実践している。その表れの1つが、北海道・大樹町に、本社と工場を構えるということなのだ。それだけではない。ＩＳＴは正しいことしかしない、正しくないことはやらない、そういう方針で動いている。逆にやらねばならないことは全部やるし手を抜かない――そういうつもりだ。

ひとつの事業を立ち上げるには、色々な要素を考慮してうまく行動しないといけない。特に人の世の事情というのはなかなかやっかいで、たとえば「技術としてはこうするのが正しいけれど、今はあっちにしてこの人達に恩を売っておかないと事業が前に進まない」というようなことがあり得る。

が、ロケットビジネスでそれをやってしまうと、失敗が「お友達になろうよ」と近づいてくる。ロケットはただでさえ厳しい条件の下で動作する機械だ。そこで人の世の事情に負けて妥協すると、ロケットそのものが危うくなる。

ロケットビジネスにとって「最高の場所に、最高の環境を作る」というのは絶対条件だ。その後に「最高のロケットを開発する」という課題だけが残るようにして、開発に携わる技術者がベストを尽くすことができるようにしなくてはならない。

逆に、**「最高の場所に、最高の環境を作る」ためなら、僕らは何だってやる。**最高の場所である大樹町にロケットを根付かせるために必要ならば、どこにでも行くし誰にだって会いに行くし頭だって下げる。

ロケットビジネスは様々な人々と協力しないと成立しない。今は幸いなことに大樹町の町役場、帯広の航空管制、漁協の方々、地元大樹町の皆さん——色々な人達の協力を得ながら、ロケット開発と運用を行なっている。知事をはじめとする北海道庁、北海道内の経済団体、民間ロケットの監督省庁である経産省と内閣府、北海道内の政治家、共同研究をしている大学・JAXA、クラウドファンディングで出資してくれている方々、ロケット開発でのパートナーシップを組んでいる企業・行政、ロケット打ち上げのたびに協賛スポンサーをしてくれている企業の方々には本当に感謝している。

IST前身の「なつのロケット団」メンバー、漫画家のあさりよしとおさんは、1999年に描いた作品『なつのロケット』で登場人物の1人、三浦君に、こう言わせた。

**「俺は必要なことしかやらない。**
**逆に必要なことならなんだってやってやる!!」**

これは僕らのポリシーでもある。

# 第2章

# ゼロから始めたロケット打ち上げへの道

## やりたいことがあれば、経験は関係ない

# なにもない"ゼロ"からロケットを作り始めた

この章では僕らの活動を振り返りながら、物事を実現するためのヒントを紹介していこう。**荒唐無稽と思えることだって、まず動くことから始まるのだ。**

しかし、思えば本当に長かった。

ライブドア時代にロケットの検討を始めた当初は、ロシアからエンジンとカプセルを買ってくればロケットはおろか有人宇宙船だって簡単にできるものだとタカを括《くく》っていた。

いやもう甘かった。

話は2004年1月にさかのぼる。

当時ライブドアのCEOだった僕は宇宙を舞台にしたアニメーションを制作したいと思っていて、「新世紀エヴァンゲリオン」や「オネアミスの翼」を制作したガイナックスさんと連絡をとっていた。そのとき、ガイナックスの担当者から、「堀江さんに会いたいと言っている人がいるのだけど」と紹介されたのが、SF作家の笹本祐一さん、漫画家のあさりよしとおさんと、その友人達だった。

彼らが持ってきたのは、世界最小の1人乗りカプセル型有人飛行船の話だった。世界最小ということは、コストも小さくなるはずだ。すると、打ち上げの頻度も高まり、量産化できるのではないだろうか。

僕は、その話にのることにした。

そして冒頭の話だ。「物事を早く進めたいなら、なんでも自分でやろうとしないこと」と考えていた僕は、実現に必要なエンジンとカプセルをロシアから買おうと、エージェントを通してコンタクトをとった。

実は、以前、ロシアからエンジンが売りに出されていた時期があった。

1991年のソ連崩壊の直後で、ロシアが金に困っていた時期のことだ。アメリカは凄いことに、この時期にガレージセールのごとく売られていたロケットエンジンとその技術を、札ビラ振りまわして大人買いした。もちろんちゃんとした意図があってのことだった。ロシアの技術がテロリストに流出するのを恐れたのだ。

しかし、結局僕はロシアからエンジンを購入することはできなかった。「打ち上げたいならロシアに来て打ち上げればいいじゃないか」。当時のロシアの言い分ももっともだ。みすみす将来のライバルをつくるようなビジネスはしたくないのだろう。ロケットは打ち上げサービスとして、向こうの言い値で買うしかない状況だった。もちろん高い。

ちなみに、アメリカにエンジンを売って以降、ロシアはエンジンを外国に売っていない。

そうやって手に入れたロケットエンジンを、アメリカは現在の主力ロケット「アトラスV」の第1段に使っている。「RD-180」というエンジンだ。もう涙が出るぐらいの超高性能エンジンである。

おかげで今、アメリカの軍事衛星がロシアのエンジンで打ち上げられるという、冷戦の頃には考えられなかったことが当たり前になっている。ウクライナ情勢を巡って、アメリカでは「ロシアのエンジンを使うな」という声が上がったが、おいそれと代わりのエンジンは用意できない。また、ロシアもそう簡単にアメリカという金づるを手放せない。もうしばらくこの状況は続くだろう。

ロシアからの購入と並行して、僕らは北海道の民間ロケットの嚆矢であるカムイロケットを開発している植松電機さんと北海道大学の永田晴紀先生にも打診した。だが、カムイロケットへの資金提供の申し出は残念ながら断られた。

ロシアにも植松電機さんにも断られたら、もう、自分たちで作るしかない。自前の技術でロケットを作るべく様々な手段を検討した。

しかし、2006年初頭、これからという時に、ライブドア事件で僕は逮捕されることになる。詳細はここではあまり触れないが、当時のメンバーの1人の野田さんが、ロケットの図面を差し入れて「これを作るところから始めよう」と言ってくれたのだった。

## 「なつのロケット団」結成

ライブドア事件の後、メンバーとともに、本当になにもないところからロケットのエンジンを作り始めた。僕らのチームの名前も「なつのロケット団」と決めた。

「なつのロケット団」は、開発リーダーと一部の専門家が手伝いはしてくれるものの、そのほかは、SF作家、イラストレーター、漫画家にジャーナリストと、素人がほとんどだった。コアメンバーは当時40代。それでも「僕らで宇宙に行こう」という気持ちは強かった。「ガンダム」や「スターウォーズ」で見たような、誰もが宇宙に行けるような世界が来ないのであれば、自分たちでそれを実現させたい、と高いモチベーションを持っていた仲間だ。

一番最初のきっかけは、1999年に「なつのロケット団」のメンバーの1人で漫

【なつのロケット団】

画家のあさりよしとおさんが、同じメンバーの宇宙機エンジニアである野田篤司さんにした質問だったと聞いている。

「世界最小の打ち上げロケットを作るならどのくらいのサイズになるか」。人工衛星などの設計を専門とする野田さんは、具体的にシミュレーションを行ない、どんな設計になるのかをまとめた。結果はあさりよしとおさんの『なつのロケット』というマンガにまとまった（だから「なつのロケット団」なのだ）。

どうも野田さんは、その後ずっと「これって、ひょっとして本当に作れるんじゃないか」と考えていたらしい。実際に作ろうと思ってもお金はないし、専用の資材が使えるわけでもない。でも、小さなロケットエンジンなら、おっさんのポケットマネーでも作れるんじゃないか、と。

できることをできるところから――保釈された直後、自宅を出ることがままならない僕は、ネットを使ってロケットエンジンの部品を作ってくれる中小企業を探し始めた。

動ける野田さんたちは、目星をつけた工場に直接行って、エンジン部品を作ってもらうべく交渉を始めた。

随分断られた。そりゃ当然で、町工場に漫画家やらSF作家やらが直接訪ねてきておもむろに「ロケットエンジンの部品を作ってくれ」――まあ普通は「嘘だろ」と判断して断るだろう。

とはいえ粘ってみるもので、僕は、やってくれそうな会社を見つけた。僕の見つけた会社は、他社の工場とネットワークを築いており、連携しながら様々な技術を要する部品や加工に対応していた。ロケット団メンバーに連絡し、早速会いにいってもらった。結果は上々で、すんなり発注できた。

**どんな状況でも、なにかを実現したいと思えば、できることはあるし、前に進むことはできる**――そう思った。諦めずに、数打ちゃ当たるのだ。

そこからは、トライ&エラーの連続だった。

野田さんが設計した最初のエンジンの仕様は推力30kgfで、燃焼時間は2秒でしかなかった。冷却機構がないので2秒しかもたないのだ。燃焼室はぶ厚い壁面のステンレス製で、手に持つとずっしり重たかった。その壁面の熱容量で2秒だけもつという設計だ。

そんな原始的なエンジンを、ホームセンターで買ってきたアングルで組んだテストスタンドに取りつけて、スウェージロック社というアメリカの会社が出している配管やバルブを組んで、これまたがっちり重たいタンクとつないだものが、僕らの最初の実験装置だった。

最初の実験場所は、あさりさんがマンガを書いている仕事場の風呂場で水を流すところから始まった。ロケットエンジンを作る時、最初は推進剤ではなく水を流して、流れの状態を観察するのだ。


**まず、動く。動いて試して考える。考えたらまた動く。**やりたいことがあれば、それに向かって動けばいい。
それが今のＩＳＴにつながる船出だった。

Point

**やりたいことがあれば経験は関係ない**

## 失敗しながらノウハウを手に入れる

風呂場でのロケットエンジンの実験は、野田さんの指導のもと、進んでいった。そして、次は燃焼実験を行なおうということになった。

液体燃料のロケットエンジンの仕組みについてごく簡単に説明しておくと、エタノールと液体酸素をそれぞれのノズルから噴射・混合させて燃焼しやすい状態となったところで、点火し燃焼させるというものだ。

ロケットエンジンに火を入れるとなると、さすがにあさりさんの仕事場の風呂場というわけにはいかない。千葉県鴨川市の別荘を手に入れ、そこに実験場を移した。毎週末、鴨川に通う生活が始まった。

ロケットエンジンを作り始めて僕らがぶちあたったのが、「ノウハウがないこと」

ことだった。ロケット開発は、外部の人にノウハウがまったく開かれていない。ロケットをイチから開発することにした僕たちは、論文を見て作っていくことになるのだが、論文は肝心なところが書かれておらず、実際に手を動かして試してみなければわからないことがたくさんあった。

たとえば、鴨川で、液体窒素（実験では液体酸素ではなく、まず液体窒素を使う）を使って液を流す実験を行なおうとした時のこと。水の次に、今度は極低温だが燃えない液体窒素を実際に流して、流れを観察しようとしたのである。

ところがタンクに液体窒素を入れようとしても、まったくたまっていかなかった。理由は明確で、液体窒素の沸点はマイナス196度だから、室温になっているタンクに触れると、すぐに気体になってしまう。気体になった窒素は注入口から噴き上げて、上から入ろうとする液体窒素を押し戻してしまうのだ。

タンクに液体のまま入れられないと実験はできない。僕らはああでもない、こうでもないと、いつものように試行錯誤を始めた。

解決策が見えたのは、約1か月後のこと。気化しても気にせず入れていけば、そのうちタンクが冷えてマイナス196度以下に下がる。するとようやく液体窒素がタンクの中に入っていくのだ。

タンクに液体窒素を入れるだけで1か月だ。もちろん、液体窒素の注ぎ方なんてヤフー知恵袋には書いていない。しかも、そんなことがロケットの開発には山ほどある。それでも、みんなで知恵を出し合って、解決しながら進んできた。

実物のロケットエンジンの開発を始めたことで、僕らはノウハウを手に入れることができるようになった。ノウハウ――教科書には書いていない知恵である。

エンジンを組み立てる工具からして、自分たちで作った。ボール盤をはじめとした工作機械の使い方も学んだ。

確かに知識や経験はあったほうが早い。が、結局、僕らは一つひとつ試しながら宇宙を目指した。僕らのロケット開発は、**「自分たちで手を動かして、失敗しながら挑戦して、生きたノウハウを手に入れて、次に行く」ことの連続だった。**

教科書なんてなくても、まずやってみることだ。

そうして最初の燃焼実験の日が来た。たった2秒の燃焼試験に成功した時は、笑いが止まらなかった。あまりに大きな音がして、周囲の別荘から何事か、と人が顔を出した。喜びと同時に、もうここでは実験はできないな、と思った。

超小型のエンジンではあるけれど、僕らの最初の実績だった。

その実績を持って植松電機さんに行ったら、今度は共同実験を快諾してくれた。たぶんそこではじめて植松さんは、僕らを「仲間だ」と認めてくれたのだと思う。それから植松電機さんの赤平工場で数年間実験をともにすることができた。

赤平で次のロケットエンジンを開発し、植松電機さんからカムイロケットの打ち上げ実験を行なっていた大樹町を紹介してもらい、2011年3月26日に初のロケット「はるいちばん」の打ち上げに成功した。本当は東日本大震災の次の日の、3月12日が打ち上げ予定日だったのだけれど、震災の影響で2週間ずれて、結局僕は打ち上げを観ることができなかった。しばらくの間、「なつのロケット団」のメンバーは「堀江さんが来るとロケットが上がらない」と笑っていた。

それから僕は刑務所に入るのだけど、刑務所での数少ない手紙発信回数を消費してメルマガを書き続けた。もちろんロケットの開発資金を調達するためだ。当時はまだＩＳＴとして独立した法人になっておらずＳＮＳ株式会社という僕のマネージメント会社の一部門だった。それを収監中に独立させた。ここまでほぼボランティアだった「なつのロケット団」を中心とした協力メンバーにも、株を持ってもらった。とはいえ、会社の収入はほぼないのでＳＮＳ株式会社からの研究開発委託という形をとらざるを得なかった。

Point

**手を動かすことで、生きたノウハウを手に入れる**

## チャンスは動く人にやってくる
### ——牧野さんと稲川君との出会い

チャンスはどこにあるのかわからない。
だから、できる限り動いたほうがいい。

僕らにとっては、資金も必要だが、人材も大事だ。
当時の「なつのロケット団」には、手伝ってくれるエンジニアはいたが主要メンバーとして専任で動いてくれるエンジニアはいなかった。だからなんとしても「俺こそがロケットを作る」という意志を持つエンジニアをスカウトする必要があった。

IST初代社長の牧野一憲さんとの出会いは偶然だった。
僕の中学高校大学の1つ上の先輩に、村田さんという人がいる。ソニー・ミュージックの社員で、「着うた」立ち上げチームの一員だった。着うたというのは、携帯電話の着信音として30秒程度の楽曲の音声データを販売するサービスだ。今ではスマートフォンで当たり前になっているけれど、開発当時は最先端の音楽配信システムだった。

そんな畑違いの村田さんに、「ロケットを作っているんだ、一緒に作ってくれる技術者はいないかな」と話した。すると「知人に1人でロケットを作っている人がいる」と言うではないか。

今みたいにSNSもスマホもない時代だ。なんとかして力になる仲間が欲しくて、仲良くなった人全員に「ロケットを作っているんだ。誰か技術者いない？」と聞いて回っていた。それがよかった。

紹介されたのが、かつてビクターエンタテインメントで同じく着うたを担当していた牧野さんだった。「まさか音楽業界で」と思うかもしれないが、**どこにチャンスが眠っているかなんて、わからないのである。**とにかくすべてのチャンスにベットするべきだと僕が言っているのは、こういうことが実際にあるからだ。

牧野さんは、大学では計算機工学を学び、趣味の音楽が昂《こう》じてビクターエンタテインメントで、当時は新ビジネスだった音楽配信システムの立ち上げをしていた。ところが、2004年にアメリカの航空機設計者バート・ルータンが自作のロケット航空機「スペースシップ・ワン」で、民間機初の高度100㎞到達を達成したのに刺激を受けて「自分1人でもロケットを作れる」と会社を辞め、旋盤ひとつとともに富士山の裾野に籠もってロケットエンジンを作っていた。とんでもない傑物だった。

牧野さんは鴨川から参加し始めて、やがてトップに立って開発を引っ張るようになった。ISTを設立するとプロパー社員第1号かつ初代社長となった。彼が仲間に加わったことで、ロケット開発は加速し、僕が刑務所にいる間もどんどん進歩していった。

## チャンスには「乗る」

自分が出所してきて初めての打ち上げが、2013年3月29日のロケット「ひなまつり」だった。出所してすぐ大樹町に向かったのだ。結果は大失敗。ロケットは射点上で炎上してしまい、「堀江が来ると上がらない伝説」に箔をつけてしまった。

が、この時、ボランティアで参加していた東京工業大学の大学院生が優秀らしいと聞きつけた。この院生こそが、二代目にして現社長の稲川貴大君だった。なんでもカメラメーカーに就職が決まっているという。

一度火が入ったロケットはもう危なくて近づけない。鎮火するのを待つしかない。この日、燃え上がる「ひなまつり」を遠目でながめつつ、僕は彼に「君はロケットを作りたいのか、それともカメラを作りたいのか」と聞いた。彼は「もちろんロケットです」と答えた。

稲川君と僕は初対面だった。そんな僕から急に「君はロケットを作りたいのかカメラを作りたいのか」と問われたのだから、彼も驚いたはずだ。しかも「ひなまつり」を打ち上げた日は金曜日で、土日をはさんで月曜日には内定した大手企業の入社式があるという。当初は「いや、月曜日が入社式なので、さすがに……」という返答だった。

しかし、その日の夕方の打ち合わせに参加してもらっているうちに、彼の心も動いたようだ。打ち合わせをしていた焼肉屋で、「会社もしっかりやっていくし、心配しなくて大丈夫。ロケットをやりたいなら、一緒にやろうよ」と声をかけたら、あっさり「じゃあ、よろしくお願いします」と答えてくれた。

僕は、それまでにも様々なエンジニアに声をかけたが、

「ロケットで、本当に仕事になるのか」

「今の職場に迷惑がかかる」

と、踏み切れずに断ってきた人もいる。

しかし、稲川君は「やはり自分がやりたいことをやりたい」とロケット開発の道に進んでくれた。本心からやりたいことは何かを考え、一歩前に踏み出してくれた。もっとも入社式当日に内定を辞退するのは相当大変だったみたいだけれど。

やりたいことがあれば、稲川君みたいに、**まず、乗ってみるのが大事**だと思う。

## 情熱を共有できる人よ、ISTに来たれ

稲川君は、1年後に残念ながら難病に倒れた牧野さんの後を引き継ぎ、IST社長に就任した。

稲川君には不思議な人望がある。人が自然と彼の周りに集まってくるのだ。そして、いい意味で老成しているところがある。今や彼の人望は、ロケット開発を円滑に進めるにあたっての重要要素だ。正直、あの時彼を説得していなかったらと思うとゾッとする。

稲川君の社長就任後は人も集まり、第三者割当増資で資金も調達してきた。クラウドファンディングも融資も補助金もふるさと納税も、使える手段はすべて駆使してきた。何度も資金難にぶち当たった。すでに僕自身の会社の収入で支えられる規模を超えているのである。でも、多くの人達に声をかけてきた結果、なんとか資金繰りを持ちこたえてきた。ロケット打ち上げも回を重ね、「堀江が来ると上がらない伝説」も吹っ飛ばした。

これからもZEROに向けて、そしてもっと先へと進まなくてはならない。高度100㎞という、死屍累々のロケットベンチャーにとっての、ひとつの大きなデスバレーは越えることができた。確かに感慨深いが、僕の仕事はここからが本番だ。

ホリエモンは資金を出しているだけで何もしていない、と悪意のある言葉に傷つくこともあるが、こっちだって一度は社員数千人の上場企業を経営していた身。資金調達や技術者中心のチームビルディングはむしろ本職だし、PR力もある。

僕が現場でネジを締めるのはむしろ本末転倒であり、ベンチャー企業は適材適所で動かないと余裕がなくなってしまう。

MOMOができあがった時、実物を前にして「うわあ、大きいなあ」と思った。今は慣れてさほど大きく感じなくなっている。

ZEROは衛星打ち上げ用ロケットとしては小さいが、MOMOよりもずっと大きくなる。当然、開発にあたっての仕事も増える。そして会社が大きくなれば、直接の技術部門や製造部門だけではなく、資金管理、会計、物資調達から広報に至るまでの間接部門も充実させないといけない。

資金はなんとしても自分が調達する。

だから、僕らと一緒に情熱をもって、未来の宇宙産業を作っていこうという人がいたら、ぜひISTに合流して欲しいと思っている。

Point

**今がチャンスと思って常に動こう**

# 「学べる失敗」は失敗ではない

さて、ロケットには失敗がつきものだ。

実際、ロケットの打ち上げについては、気をつけなければいけない点は山ほどあって、何か1つでも不具合があると全体に響くようなことがある。ロケットの状態がよくても、天候が悪くて緊急停止せざるを得ないこともある。

しかし、ものごとを前に進めるにはチャレンジして新しいことをやっていかなければならない。そこにこそ、民間でロケット開発をする意義がある。

稲川君は「**本当の失敗は、失敗したことで何も得られなかった、という状況だ**」と言う。

そもそも僕たちはリソースが少ない中でやっているので、リスクもある程度大きくなる。でもそれを理解した上で進めていけば、実質的にプロジェクトが大きく前進することもあるし、失敗してもノウハウが手に入れば、それは進歩だ。

だから僕らのロケットは、トラブルが起こりそうなところに全部センサーやカメラを仕込んでおいて、何かあった時に、その原因がわかるような設計にしている。

確かにロケットの打ち上げに失敗して、目の前で機体が炎上しているのを見れば、気持ちは沈む。でもそれは、現在の失敗だけ見れば、ということで、もっと未来まで目を向ければ、目の前のこともひとつの前進だったりする。

ＭＯＭＯの2号機の打ち上げでは、発射後すぐにエンジン上部から火災が発生し、墜落と同時に炎上するという事態になった。

しかし、だからこそそんな事故を繰り返さないように試験の体制を変えるなど、安全に打ち上げるために進歩することができた。

結局、成功しても失敗しても、どちらも前進。現状維持が一番よくない。だから、稲川君は打ち上げに失敗した記者会見でも、「この事態は、大きなロードマップから見たらこんな意味があって、こんな進歩があった。だから、次はこんなことに挑戦しますよ」という話をしようと心がけているそうだ。

「日本では、新しいことに挑戦しようとすると、ネガティブなことを言う人が、いまだに少なくない。でも、今の社会がベストではないはずで、解決しなければいけない問題は、目の前に山とあります。

幸い僕らは、リスクをとっても、自分たちが正しいと思える道を進んでいこう、ということで挑戦を続けているけれど、世の中全体がそうなっていくべきだと思う。目の前の失敗を見るとくよくよするし、凹んだりもするけれど、**自分たちがたどり着きたい遠い世界を見ながら、今の自分がいる場所を見て、進んでいけばよいと思う**」

稲川君の言葉だ。実にいいことを言うなあと思う。

失敗は同時に学びだ。足踏みせずに前に進むことで、初めて見えてくるものがある。

Point

**失敗も目的地にたどり着くために必要な通過点に過ぎない**

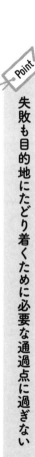

## 日本は世界一の宇宙産業立地国家になれる可能性が高い

僕は、今まで様々な本で「とにかく動け」ということを伝えてきた。
僕らのロケット開発も、とにかく動けで進めてきた。
そして、僕らは本当に小さな一歩から動き出したのだ。

ここで、僕がＩＳＴのロケット事業の発展性をどのように見通しているかをまとめよう。

ＩＳＴは、ＭＯＭＯ３号機が高度１１３・４㎞に到達したことで、姿勢制御機能を持つ液体ロケットエンジンを開発する宇宙ベンチャー企業としては高度１００㎞のカーマンラインの壁を超えた世界で４社目の会社となった。４社というのは、スペースＸ、ロケット・ラボ、ブルー・オリジン、そして僕らＩＳＴだ。

固体推進剤のロケットや固体燃料と液体酸化剤を組み合わせるハイブリッドロケットも含めると、カーマンライン超えを果たした会社の数はもっと増える（たとえばバート・ルータンのスペースシップ・ワンはハイブリッドロケットを使っていた）。しかし、有人打ち上げや、精密な実験装置の打ち上げなど将来に向けた発展性を考えると、スケーラビリティが大きく振動は小さく、しかも推力の調節が可能な液体ロケットの開発が必須である。

もちろんISTのMOMOは、カーマンラインを超えたというだけで、人工衛星を地球を回る軌道に投入させているスペースXやロケット・ラボに比べるとまだまだではある。スペースXやブルー・オリジンと比べて、僕らISTのロケットがずっと小さい理由は、完全に資金繰りの制約からだ。大型になるとエンジンの燃焼実験だけでも物凄いお金がかかるのである。

しかし心配はいらない。

大型ロケットと小型ロケットの間には大きな技術的断絶はない。姿勢制御などはむしろ小型ロケットのほうが難しい。小さなMOMOで開発した技術は、そのまま次の衛星打ち上げロケットZEROでも使える。

## ZEROでスペースXと同じ土俵に立つ

MOMOを開発したことで、ZEROに向けて必要な技術は身につけることができた。衛星の打ち上げが可能なZEROが成功すると、言うのもおこがましいかもしれないが、ロケット打ち上げサービスという意味ではスペースXと同じ土俵に立てる。

ZEROは、スペースXのファルコン9ロケットや、ブルー・オリジンのニュー・グレンロケットに比べるとずっと小さい。小さい理由は、そこに大きな需要があるからだ。

ほぼ同じ打ち上げ能力のロケット「エレクトロン」を作ったロケット・ラボは、僕らと同じ市場をターゲットにしている。ロケット・ラボは2017年からエレクトロンの打ち上げを開始して、2019年は6機を打ち上げた。順調に打ち上げ契約を集めてきていて、将来的には週に1回というような頻度で打ち上げようとしている。需要があることは、先行しているロケット・ラボが証明している。

とはいえ、ぶっちゃけ大型ロケットを作るより小型ロケットを作るほうが難しかったりするのだ。なのでもう一桁大きな資金力があったらスペースXクラスのロケットを作ると思う。ぜひともそこまで進みたい。

ベンチャー企業の世界では、評価額10億ドル以上になった企業のことをユニコーンといい、100億ドル以上をデカコーンと呼ぶ。すでにロケット・ラボはユニコーン、スペースXはデカコーンになっている。ブルー・オリジンはちょっと違って、アマゾンの株式で途方もない金持ちになったジェフ・ベゾスが計画的にアマゾン株を売却し、毎年日本の政府宇宙予算を超えるほどの金額を突っ込んで技術開発をやっている。

ともあれ、投資市場がロケット・ラボとスペースXの2社をここまで高く評価するということは、それだけ衛星打ち上げ市場は需要に供給がまったく追いついていないことを意味する。

宇宙は決して甘くない、厳しい場所だ。ゼロから始めれば技術的な壁を越えるのに時間と金がかかる。今すぐ大金を投下しても少なくとも10年はかかるだろうし、それだけかけても本当にロケット・ラボやスペースXに追いつけるかどうかは不確定である。

しかしISTは、前身の「なつのロケット団」からは15年近くをかけて技術開発を進めてきて、もうカーマンラインは超えた。つまりISTが衛星打ち上げロケットZEROを成功させたら、市場をある程度寡占できるということだ。これはものすごい優位性だと思っている。

しかも僕らISTはスペースXにもロケット・ラボにもない大きなアドバンテージを持っている。自国で最先端素材から工作機械まで、ロケットに必要なもの一式を生産できる、しかもこの地球上で最高にロケット打ち上げに向いた場所、北海道・大樹町に開発拠点とロケット射場を持っているのだ。

だから、衛星打ち上げロケットZEROを作る資金がちゃんと集まれば世界一のロケット打ち上げサービス企業になれる可能性が高いし、日本は世界一の宇宙産業立地国家になれる可能性が高い。**こんなチャンスを逃すのはもったいないのだ!**

Point

**今は、宇宙開発を進める最高のチャンスだ**

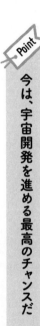

# 第3章

# MOMOとZERO、僕らのロケットが目指すところ

## 宇宙に行かなきゃ意味がない

2019年5月宇宙品質にシフトMOMO3号機（以下、MOMO3号機）が宇宙空間に到達した。最高高度113・4㎞。

民間企業が開発したロケットとしては、国内初の快挙だった。

このことは、ニュースになったし、僕のツイートもかなりの数の人がリツイートしてくれたので、覚えている人も多いかもしれない。

これは、世界でも価値のある出来事だ。民間単独で開発したロケットの宇宙到達としては世界で9社目、液体ロケットであり、かつ姿勢制御機構を装備しているロケットでは4社目。これはアメリカ以外では初のことだ。イーロン・マスクのスペースX、ジェフ・ベゾスのブルー・オリジン、ピーター・ベックのロケット・ラボと並ぶだけの実績を上げたのだ。

ここでは、MOMOの道のりや、僕たちが成し遂げたいことについて話をしてみたい。

ISTの前身である「なつのロケット団」から、僕らが打ち上げたロケットは左の画像の通りだ。

**【これまでに開発し、打ち上げたロケット(ZEROは予定)】**

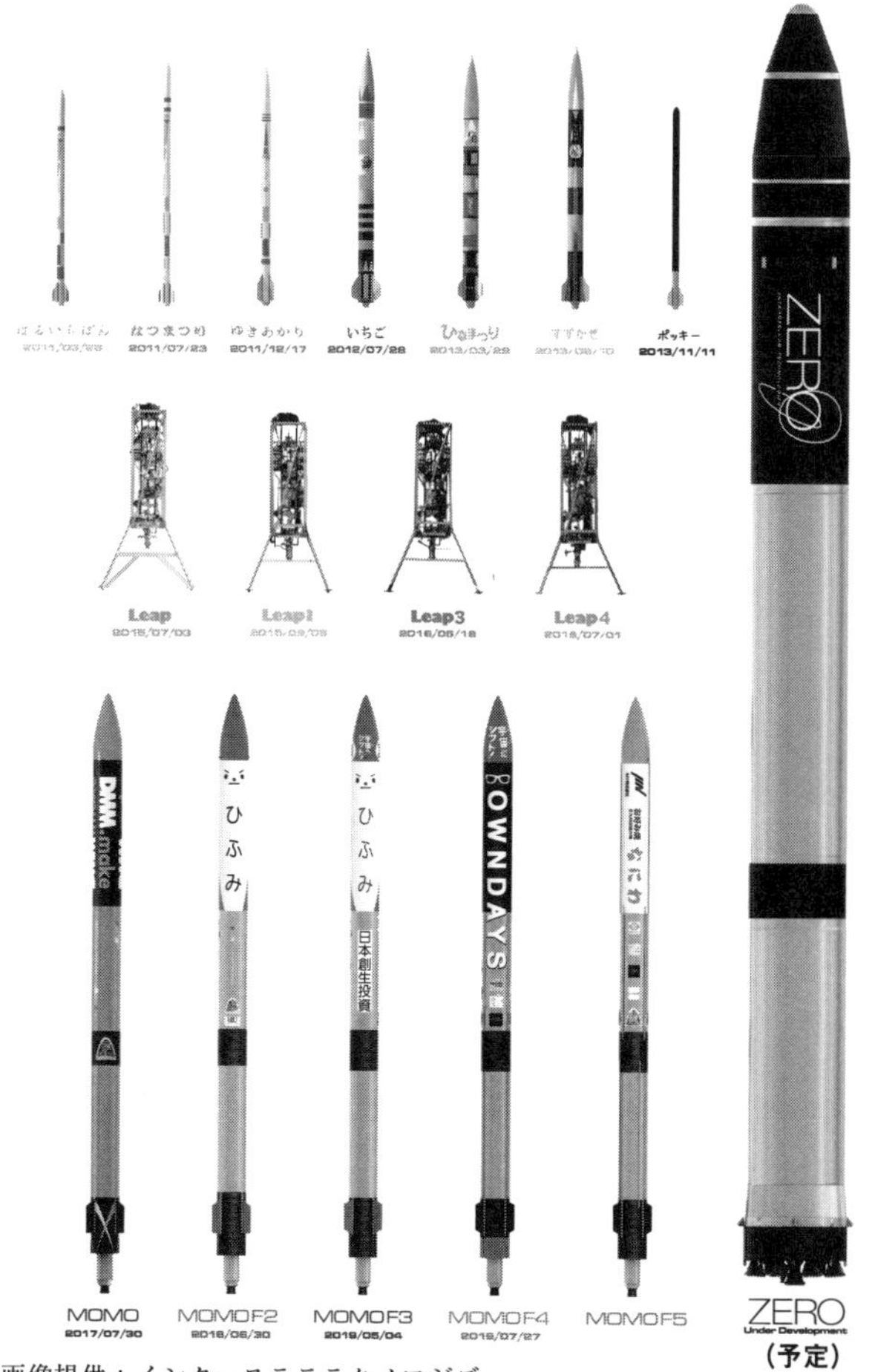


画像提供：インターステラテクノロジズ

これらには全部1回1回、目的があった。

第2章でも触れたが、僕らはアルコール（お酒に入っていて、消毒なんかに使うエタノールだ）と液体酸素を推進剤に使う小さな液体ロケットエンジンを作り、テストスタンドで数秒の燃焼試験を行なうところから始めた。

エンジンなんて作れるのか、と思う人もいるかもしれないが、ロシアが売ってくれなかったのだから仕方がない。エンジンが動かなければ、そもそもロケットは飛ばせない。

幸いJAXAで衛星を作っている技術者がメンバーにいて、彼の指導の下に試行錯誤してエンジンの開発・実験を進めた。

徐々にエンジン推力を大きくし、燃焼時間を伸ばし、それで最初に飛ばしたのが2011年3月に大樹町で打ち上げた「はるいちばん」だ。

「はるいちばん」の目的は、「とにかく上に向けてロケットの形をしたものを飛ばすこと」だった。ロケットは飛んでナンボであって、いくらテストスタンドで確実にエンジンが運転できてもそれだけでは意味がない。機体の形に組み上げたものが、きちんと動作して、予定通りの方向に飛んでいくかどうかを確かめる――それが「はるいちばん」の目的だった。

その後、「なつまつり」「ゆきあかり」と同じ系統の設計で到達高度を上げていって、「いちご」からはより大きなエンジンと機体にチャレンジした。射点上でトラブルを起こして燃えてしまった「ひなまつり」(偶然だが、消火した後の機体の外装では「な」の文字のシールだけが焼け、残りの文字は残っていた。「ひまつり」である)、「すずかぜ」と技術を蓄積した。

「ポッキー」はIST初の商業打ち上げだ。製菓会社の江崎グリコさんが、同社のお菓子「ポッキー」のプロモーションに、僕らのロケットを使ってくれたのだ。というわけで「ポッキー」は、お菓子のポッキーの塗装で打ち上げた。

この頃から、僕らはISTにとって最初の商品となるロケット「MOMO」の検討を開始していた。

# いったいどこからが宇宙か

さて、ロケットであるからには、宇宙に到達しなければ意味がない。地上からどんどん上に昇っていくと宇宙に到達する。では、どこまでが「空」でどこからが「宇宙」なのか。

気象学では、気温の変化で地球大気の構造を区別している。海抜0ｍから大体高度10～15㎞ぐらいの、我々が生活している空間が対流圏である。ごく簡単に言い切ってしまうと、雲ができる領域だ。

対流圏では昇るほどに温度が下がっていくが、高度10～15㎞あたりで気温がほぼ一定になる。ここが対流圏とその上の成層圏との境界だ。成層圏をさらに昇っていくと今度は気温が上がり始める。成層圏はオゾン濃度が高く、そのオゾンが太陽からの紫

**【成層圏・対流圏・中間圏・熱圏】**

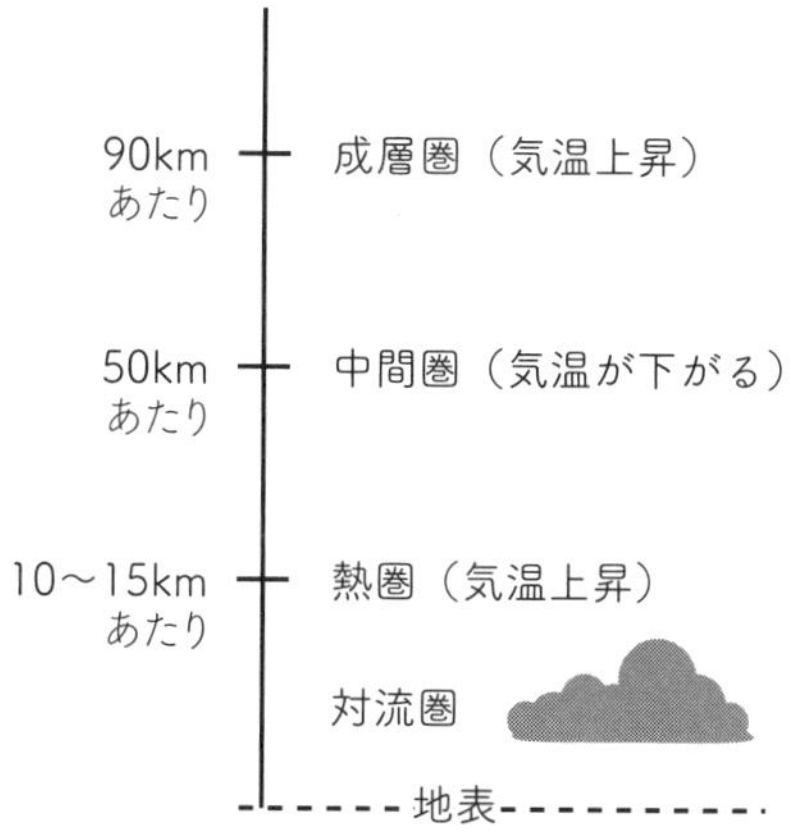


外線を吸収して熱を発するからだ。高度50㎞あたりになると気温上昇は終わる。ここから上が中間圏。さらに上がると気温はまた下がっていって高度90㎞あたりで底を打つ。底を打ったところで中間圏は終わり。ここから上は熱圏と呼ぶ。熱圏では気温はまた上昇していく。とはいえ、大気は思い切り希薄になって、地上と比べるとほとんどないも同然だ。

が、実のところ、**どこからが宇宙かは、気象学・大気科学の観測で決まっているのではない。**

ぶっちゃけ、「ここから上は、宇宙と決ーめた」と言って、適当に線を引いているのだ。国際的には国際航空連盟

(Fédération Aéronautique Internationale: FAI という組織が、高度１００㎞から上を宇宙と定義している。高度１００㎞のことを、ハンガリー出身で後にアメリカに移住した高名な流体力学者セオドア・フォン・カルマンに因んでカーマン・ラインと呼ぶこともある（カルマン：Kármán は英語読みならカーマンだ)。

その一方で、この定義に従わない組織もある。アメリカの空軍だ。米空軍の定義では宇宙は高度約80㎞以上ということになっている。80㎞という半端な数値は、宇宙開発の創成期に「高度50マイルから上は宇宙」とＦＡＩよりも先に定義したことによる。ヤード・ポンド法によるキリのよい数字というわけだ。

なぜ50マイルという定義がそのまま生き残ったかというと、当時の米空軍は高度80㎞には到達できるが、１００㎞までは上がれないX-15というロケット航空機の飛行実験を行なっていたからだ。このX-15で高度80㎞以上に到達したパイロットに、宇宙空間に到達した者を意味する「宇宙飛行士（Astronaut)」の称号を与えていたので、ＦＡＩの定義が決まったからといって称号剥奪というわけにもいかず、そのまま80㎞以上という定義が生き残ってしまったのである。

アメリカは航空宇宙大国だけあって、航空機やロケットに使える品質や構造のネジとか配管とかを普通に売っている。ところがこれらはヤード・ポンド法で作られている。というわけでＩＳＴの工場は国際規格のメートル法（ＳＩ単位系）の工具と、ヤード・ポンド法の工具の両方を揃えている。これがなかなか頭痛の種で、僕らの間ではいつも「ヤード・ポンド法に死を」とか言っているのだが——まあこれはちょっと脱線だ。

## 高度100kmを超えるために

とりあえず上に向かってロケットを飛ばすことができるようになったＩＳＴは、次のステップとして、高度１００㎞のカーマンラインの上、宇宙空間に到達できるロケットを目指すことにした。それが観測ロケットのＭＯＭＯである。上に１００㎞上がって、落ちてくるだけのロケットでも、数分間の無重力を実現できる。となると、これは売り物になる。数分あれば無重力を使った様々な実験ができるからだ。このような弾道飛行を行なって実験や観測を行なうロケットのことを観測ロケット（サウンディングロケット）という。

とはいえ、「はるいちばん」から「いちご」、そして「ポッキー」までに手に入れた技術だけで、高度１００㎞に到達できるかというと、そう簡単な話ではない。

93ページの画像を見ればわかるように、僕らのロケットは全部尾部に翼がついている。安定翼だ。矢羽根と同じで、飛行中に空気から受ける力でロケットの姿勢を安定させて、一定の方向に飛ばすという役割を持っている。

ところで安定翼が役割をきちんと果たすのは空気があるからだ。ロケットが昇っていけばどんどん空気は薄くなる。すると安定翼は機能しなくなり、ロケットの姿勢は不安定になって、どっちに飛んでいくかわからなくなってしまう。１００㎞を目指すとなると、安定翼とは異なる、空気のない場所でも使える姿勢安定技術を習得しなくてはならない。それは、将来的に衛星打ち上げ用ロケットを開発する際にも必須の技術だ。

宇宙ベンチャーは、新たな技術の習得とビジネスを両立させながら進んでいかねばならない。高度１００㎞に到達して、また地球に落ちてくるという弾道飛行用のロケットは、単にビジネスになるだけではなく、次のステップである衛星打ち上げロケットに向けた、技術開発と技術試験のプラットフォームにもなる。つまり、高度100㎞に到達するロケットは、ISTにとって避けては通れない次のステップなのである。

## ロケットは、どう操作するのか？

さて、ロケットはどうやって進む方向を調整するのだろうか。

車ならハンドルで微調整ができる。しかし、ロケットはそういうわけにはいかない。どうするかというと、大雑把に言えば、エンジンを動かして噴射の向きを変えることで、姿勢を安定させているのだ。

ここでひとつ、専門用語を覚えよう。ヨー、ピッチ、ロールだ。3次元の世界では物体は3つの回転軸を持つことができる。工学の世界ではこの3つを、ヨー、ピッチ、ロールという名前で呼んでいる、進行方向を向いてヨーが右向き左向きの回転、ピッ

【ヨー・ピッチ・ロール】

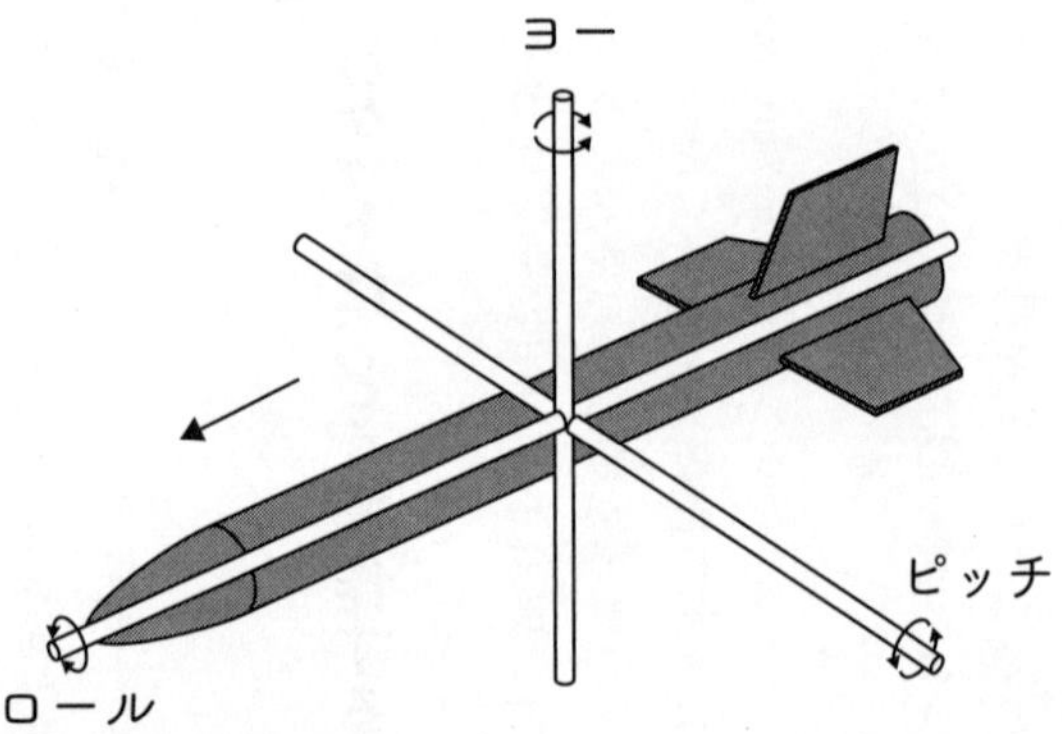


チが上向き下向きの回転、ロールが進行方向を軸とする回転である。

自動車もバイクも自転車も飛行機も、すべてこのヨー、ピッチ、ロールの3つの軸の回転を操って向かいたい方向に移動する。ロケットも例外ではない。ロケットの姿勢を安定させるには、この3つの回転を制御する必要があるのだ。

空気のない宇宙空間で、姿勢を安定させるためには、先に書いたように噴射を使う。

まず、ヨーとピッチの制御にはロケットエンジンの噴射方向を変える。エンジン全体をピッチとヨーの2つの軸を中心にしてモノを回転させる架台（ジンバルという）に付けて、エンジンごと噴射方向を変えるのだ。右に傾いたら噴射を同じく右に傾けて元に戻す。左なら噴射も左に向ける。センサーで傾きを検知し、搭載コンピューターでどれだけ噴射を曲げればいいかを計算し、噴射方向を変えるわけである。

しかしロケット本体がコマの軸となってくるくると回るロールの回転を制御するには、ジンバルだけでは足りない。別途ガスを噴射して回転を制御する装置を積むことになる。このようにして、エンジンのジンバル制御とロール制御用ガス噴射装置を装備することで、姿勢を安定させて、向かいたい方向に積極的に飛ぶロケットを作ることが可能になる。

## 姿勢制御技術のための「LEAP」

さて、いくらポッキーまでの成功があったとしても、いきなり本番の100㎞に到達するロケットを開発するのは危険だ。事前に姿勢安定技術を実地試験を通じて完成させておかなくてはいけない。

というわけでISTは、2015年から16年にかけて4機の「LEAP」シリーズを開発し、打ち上げ試験を実施した。「はるいちばん」から「ポッキー」まではロケットの形が変化しているのは目的が変わったからだ。ＬＥＡＰはロケットエンジンの噴射方向を変えることで姿勢を保つ技術の試験を目的としていて、そのために最適な形状を選んだ。だから、そんなに高くまで飛ばない。せいぜい数百ｍまでゆっくり上がっていって、噴射で姿勢を保つ試験を行ない、エンジンが停止するとパラシュートを開いて降りてくる。

この試験も、最初のＬＥＡＰ１では上に向かって飛ぶはずが、姿勢制御がうまくいかずに横に向かって飛び始めて、あわてて緊急停止をかけたりしたが、最後のＬＥＡＰ４ではきちんと姿勢を保ちながら飛ぶようになった。

実際に開発をしていた現ＩＳＴ社長の稲川貴大君によると、理論的には大学で学んでいたが、実際に動く機体を作ったことは少なかったそうだ。計算してシミュレーションではうまくいっても、実際に動かしてみるとおかしな方向に行ってしまう。失敗しては計算モデルを見直してまた実験するということの繰り返しだった。

ＬＥＡＰと並行して、エタノールと液体酸素を使う新しい推力１・２tf（※）級のエンジンを開発し、また発射設備の整備なども行ない、2017年7月、ついに高度100㎞を目指す「MOMO」初号機の打ち上げを迎えた。

MOMOという名前は、100㎞を意味する「百（もも）」から付けた。

同時に、なつのロケット団メンバーであるメディア・アーティストの八谷和彦さんが作ったキャラクター、「モモ」にもちなんでいる。1990年代の後半、ピンク色の熊のモモがメールを運ぶメールソフト「PostPet」が大流行したのを覚えておられる方もいるだろう。PostPetは八谷さんが開発したソフトで、モモは八谷さんのイメージキャラクターにもなった。

ISTのロケットは「はるいちばん」の時から「LEAP」まで、いつもモモの小さな人形を積んでいた。僕らの分身、宇宙パイロットというわけだ。

※ **1.2tf** 質量1.2tの物体の地球上の重さと同じ力という意味だ。ちなみにtfは、古い工学単位系での力の単位であって、最新の国際標準単位系であるSI単位系では、約12キロニュートン（12kN）という数字になる。

## 観測ロケット「MOMO」

ＭＯＭＯは高度１００㎞ちょいまで上がっていって、そしてまた地球に落ちてくる観測ロケットだ。第１章で、大ざっぱにいって衛星打ち上げロケットは１００㎞ぐらいまで上に昇っていって、そこからは横方向に加速すると書いたが、その最初の段階である「上に１００㎞昇る」だけを行なうものだ。衛星打ち上げ用多段ロケットの第１段を模擬しているとも言える。

１００㎞といっても、そこまでずっとエンジンの噴射が続くわけではない。噴射は打ち上げ後１２０秒で終わる。後は惰性で昇っていって頂点に到達し、地球の重力に引かれて落ちてくる。この間に数分間、自由落下による微小重力状態に入るので、実験装置を載せれば無重力環境下での様々な科学実験を行なうことができる。もちろん高度１００㎞という位置や、地上よりずっと少ない大気といった環境を利用した実験も可能だ。

直径５００㎜で全長は9.9ｍ、打ち上げ時重量は1.1ｔ。30㎏の荷物（ペイロード

## 【MOMOの打ち上げ実績】

| 打ち上げ番号 | 名称 | 打ち上げ日時 | スポンサー | 打ち上げ結果 |
|---|---|---|---|---|
| 1 | MOMO初号機 | 2017年7月30日16時31分 | 合同会社DMM.com | 打ち上げから約66秒後に通信が途絶した。空気抵抗で機体が壊れたと推定。到達高度は推定20km |
| 2 | MOMO 2号機 | 2018年6月30日5時30分 | レオス・キャピタルワークス株式会社 | 打ち上げ4秒後にエンジンが停止して落下・炎上 |
| 3 | 宇宙品質にシフトMOMO3号機 | 2019年5月4日5時45分 | 実業家 丹下大氏（ネーミングライツ）、レオス・キャピタルワークス株式会社、株式会社 日本創生投資 | 高度113kmに到達し、打ち上げ成功 |
| 4 | ペイターズドリームMOMO4号機 | 2019年7月27日16時20分 | 株式会社ペイターズ（ネーミングライツ）、OWNDAYS株式会社、実業家 丹下大氏 | 打ち上げから64秒後に通信系に異常が発生してエンジン停止。打ち上げ失敗。推定到達高度13.3km |
| 5 | MOMO5号機 | 2019年12月29日～2020年1月2日 | 有限会社なにわ、IMV株式会社 | 機体に搭載した電子機器で発生した不具合の原因究明および対策のため打上げを延期 |

●搭載ペイロード

| | |
|---|---|
| MOMO初号機 | なし（打ち上げ時環境計測機器など） |
| MOMO2号機 | インフラサウンドセンサ（高知工科大学） |
| 宇宙品質にシフトMOMO3号機 | インフラサウンドセンサ（高知工科大学）、ハンバーグ（GROSEBAL） |
| ペイターズドリーム | インフラサウンドセンサ（高知工科大学）、折り紙飛行機（キャステム）、日本酒紀土（平和酒造）、チーズハンバーガー（GROSEBAL）、眼鏡（OWNDAYS）、コーヒー豆（ザザコーヒー）、マスコットぬいぐるみ（レオス・キャピタルワークス） |
| MOMO5号機 | インフラサウンドセンサ（高知工科大学）、小型ロケット用航法センサ（三菱プレシジョン株式会社）、日本酒 紀土（平和酒造）、コーヒー豆（サザコーヒー）、シーシャフレーバー・吸い口（チル）、電子工作製作物（超電磁Pさん）、たこパティエ（瓢月堂） |

という）を高度100～120㎞まで運び、約240秒間の微小重力状態を維持することができる。今後はペイロード部分を切り離してパラシュートで落とし、海上から回収することも考えている。

1.1tの本体を推力1.2tfのエンジンで持ち上げるので、MOMOは比較的ゆっくりと上昇していく。離昇初期がゆっくりだと、地上の風の影響を受けやすいので、これは今後の改善課題だ。2020年1月の現状では、まだまだMOMOは完成したロケットではないが、1回の打ち上げごとに改良を重ねていっている。

打ち上げ実績は、前ページの表の通りだ。

1機目、2機目と失敗し、3機目で初めて成功。しかしその後も失敗と茨の道を歩んでいるように見える。が、これはある程度仕方がないと考えている。過去の新規開発のロケットの例を調べると、大体最初の10機のうち2～3機は失敗している。1950年代から60年代にかけての宇宙開発草創期だと、10機中6機から7機の失敗はざらだ。

ISTは、本当に小さなロケットエンジンを作るところから始めて、一歩一歩自分達の手で技術を積み上げてきた。もちろん過去の論文は参考にできるけれども、ロ

【MOMO 2号機とISTのメンバー(前列右から2番目が著者)】

画像提供:インターステラテクノロジズ

ケットという機械を作り上げ、運用するためのノウハウは自分達の手で実際に開発し、製造し、打ち上げることでつかみとらなくてはいけない。そこは、宇宙開発草創期と同じである。イーロン・マスク率いるスペースXの最初のロケット「ファルコン1」も、最初の3機が立て続けに失敗し、4機目で初めて成功している。

**失敗は、規模が小さい今のうちに経験しておいたほうがいい。**この先、もっと大型のロケットを運用するようになってから失敗すると、損失もそれだけ大きくなる。今のうちに失敗をしておいて様々なノウハウを積み上げ、将来の大きな失敗を防ぐほうが、トータルで見るとずっと物事がスムーズに進む。これは決して負け惜しみではない。**人生、失敗は避けられないのだから、いかに上手に失敗するかを考えるべきなのだ。**

それでも、2号機が射点で離昇直後に落下して爆発した時は参ってしまった。が、悪いことばかりでもなかった。爆発炎上の派手な映像がネットを通じて世界中に流れ、世界各国の専門誌にも掲載されたので、ISTの名前は世界中で知られるようになった。「よい宣伝になった」――と言うと言いすぎかもしれないけれど、それぐらいに考えて前に進もうと思う。

## MOMOの狙いは「優しい」「安い」「素早い」「確実」

MOMOは最先端の技術を結集したロケットではない。MOMOのロケットエンジンの性能は低い。ロケットエンジンの性能を示す指標である比推力（1kgの推進剤が1kgfの推力を何秒発生することができるかという数字。単位は秒）は220秒。JAXAのH-IIAロケットが第1段に使っているLE-7Aエンジンの比推力は440秒もある。スペースシャトルが使っていたSSME（スペース・シャトル・メイン・エンジン）だと452秒だ。いきなり比推力と言われてわからない人も多いだろうが、MOMOのこの数値は「めちゃくちゃ性能が低い」と思ってもらって構わない。

その結果、MOMOは効率が悪い。打ち上げ時重量1.1tで、100kmまで持っていけるペイロードは30kg。2・7%だ。H-IIAは打ち上げ重量270tで、最大10tの衛星を打ち上げられる。3・7%だ。MOMOは30kgを高度100kmに持っていけるだけ。対してH-IIAは10tを地球周回軌道に投入できるのだから、その差はもっと大きくなる。

が、それは狙ってやっていることだ。MOMOは最初から、高性能を目的にはしていない。

MOMOの狙いは4つ。「ペイロードに優しい環境を提供すること」「安いこと」「頻繁に打ち上げることができること」「絶対確実に打ち上がること」だ。そのために選んだ方法論が「性能が低いこと」なのである。ISTの限られたリソースで短時間に「優しい」「安い」「素早い」「確実」を実現するために、「性能は低くていい」と積極的に選びとったのだ。

そもそも、ロケットビジネスは運送業だ。A点からB点に物や人を運ぶという意味では、ロケットもトラックも同じである。運送業で顧客にとっての利便性は何かといえば、「荷物を壊さないこと」「安いこと」と「絶対安全確実に定時に届くこと」である。宅配便の人が「ウチのトラックはF1レーシングカーと同じエンジンを積んでいて、ゼロヨン10秒を切り、時速300キロは余裕です。どうです、高性能でしょう」

と自慢したとして、お客はうれしいだろうか？　全然うれしくないはずだ。「頼むから、荷物を壊さずに安全運転で届けてね」と言うはずである。そして運賃は安いほうがうれしいだろう。

世界的に、観測ロケットは固体推進剤を使うことが多い。構造が簡単、点火すれば確実に飛ぶという性質を持っているからだ。現在、ＪＡＸＡが運用しているサウンディングロケットも、固体推進剤を使っている。

しかし、固体ロケットには振動が大きいという欠点もある。ペイロードは打ち上げ中に強く揺さぶられるので、壊れないように十分に試験をしてから搭載する必要がある。

液体推進剤のＭＯＭＯは、打ち上げ時の振動がずっと少ない。だからアンテナや太陽電池パネルなど、多少やわいペイロードでも搭載することができる。「優しいロケット」なのだ。

また、安いということは、ロケットでは宅配便以上に大きな意味がある。なぜなら今までロケットは高すぎたからだ。高すぎると市場が拡大しない。高くてもペイできる分野の顧客しか利用しないからだ。「値段が高い↓顧客が限られる↓市場が拡がらない↓需要が限られるから価格を下げられない」という悪循環である。

価格が高いと、どうしても人間は「そんなに高いなら、意義があること、意味あることをしないといけない」と考えてしまう。具体的には科学的な観測だったり実験だったりだ。

しかし、それだけでは需要が増えない。増えないから打ち上げの頻度も年に1回とか2回とかになってしまう。するとロケットも量産できないから量産効果による価格低下が見込めず、ますます価格が高くなり、一層顧客が寄りつかなくなってしまう。

逆に言うと、高すぎて市場が拡がらない分野で低価格を打ち出すことができれば、一気に市場を拡げることが可能になる。悪循環の輪を、「値段を下げる」ことで断ち切れば、「値段が下がる↓顧客が増える↓利用頻度が増えるので、ますます値段を下げることができる↓もっと安くなることでますます顧客が増える」というよい循環に一気に切り替えることが可能になる。

「素早い」「確実」は言うまでもないだろう。年1回の打ち上げよりも5回、10回と打ち上げるほうが顧客には便利だ。思いたったらすぐに載せることができるし、打ち上げた結果も素早く受け取ることができる。

## ロケットの部品は秋葉原や通販で調達!自分達で作るから安く飛ばせる

MOMOは、3号機までの打ち上げを含め、約10億円で開発した。このクラスのロケットの開発費としては思い切り少ない。そして1回の打ち上げ価格として5000万円を提示している。これも結構な低価格だ。現状だと、このクラスのサウンディングロケットは1回の打ち上げに数億円はかかるものだからだ。

なぜ、そんな方法をとるのか。それは、僕たちは宇宙を身近にしたいからだ。

ロケットといっても、1回の打ち上げに何億円もかかるのでは、そうめったに使えるものではない。できる限り開発コストを下げ、大量生産を行なうかたちで、1回の打ち上げ費用を下げ、もっと気軽に宇宙を利用できるようにしたいのだ。

インターネットの高速回線が発展した時のことを思い出して欲しい。ソフトバンクの孫さんが無料でＡＤＳＬ（ＡＤＳＬのモデム）を配布し、価格破壊が起こってユーザーが増え、インターネットを使った様々なビジネスが立ち上がった。

インターネットがインフラであるように、ロケットもインフラだ。宇宙でビジネスをするには、宇宙に物資を運ばなければならない。しかし、現状は運ぶだけで莫大なお金がかかるので、なかなか宇宙ビジネスに参入することはできない。

そこでインターネット同様、ロケットというインフラが安くなれば、気軽に宇宙に行けるようになる。そこに様々なビジネスが生まれ、産業として発展していく。僕らはそんな世界を作りたいし、そのために宇宙の「スーパーカブ」を作りたいのだ。

いつでもすぐに打ち上げられるロケットが、企業の中間管理職が決済できるくらいに安価になれば、宇宙開発も大きく変わるだろう。僕らが目指すのは、そんな世界なのだ。

ロケットを安くするために、ＩＳＴは自社工場を持ち、必要な部品を可能な限り社員の手で製造している。安くするだけではなく、設計と製造が同じ社内にあるので密に情報を共有でき、設計変更などがあった時にも余計な手間なしにすぐに対応できるという利点もある。

これは特殊な部品の多いロケットならではの手法でもある。自動車のように一般的な部品が多い機械だと、部品を製造しているサプライチェーンが確立しているので、自社製造より外部から購入したほうが話が早くなる。

ちなみに、スペースXも同じやり方をしている。いや、ISTがスペースXの真似をしたといったほうがいいかもしれない。スペースXはカリフォルニア州ホーソーンというところに立地する、かつてボーイング社が航空機を製造していたという巨大な工場建屋を買い取って、本社を構えている。向こう側が霞むほど巨大な工場建屋の中に、ロケットエンジンから構造や電子機器までの開発チーム、さらには宇宙船「ドラゴン」を開発する開発部隊、そしてそれらを一貫して製造するセクションまでもが全部入っていて、情報を密に交換することでかつてない高速の技術開発を実現している。

1回の打ち上げ費用を安くするためには、主要部品を内製するだけでは足りない。これまでのロケットが高価格なのは、成功第一で徹底的に品質を保証した部品を使っていたからだった。部品の品質を保証するとは、電子部品からネジに至るまで、製造時から一つひとつきちんと履歴を記録し、どのような検査を誰が行なったか、検査の結果はどうか、どんな状態でどれぐらいの期間保管したかといった情報を蓄積し、閲覧可能な状態におくことだ。製造も検査も人が行なうので、品質保証を徹底すると、人件費が嵩む。するとネジ1本が何万円、電気部品1つが何十万円という値段になる。

しかし、今は民生用の部品の品質が上がっているし、しかも大量生産で安くなっている。だから、秋葉原の部品店や通販のモノタロウなどで大量に仕入れて、自分達で試験し、選別を行なえば、これまでよりもずっと安く、品質保証を行なったのと同等の信頼性を持つ部品を調達することができる。もちろん、信頼性を確保するためにどうやって選別を行なうかは十分に考えて準備する必要があるが、「ここまで性能を保証します」という書類のために何十万円も払わなくて済む。

たとえばMOMOに搭載するカメラの制御には「ラズベリー・パイ（Raspberry Pi）」という、OSとしてLinuxが動くボード・コンピューターを積極的に使っている。もともとは教育・ホビー用に使うための製品だ。十分な性能がありながら名刺サイズ程度と小さく、なによりも価格が数千円程度と安い。このレベルの搭載コンピューターは、信頼性重視の既存のロケットだと数百万円もしたが、それが数千円になるので、コストダウンの効果は非常に大きい。

あるいは、ロケットの姿勢を検出するジャイロというセンサーだ。既存のロケットでは専用の何千万円もするジャイロを使っているが、ＭＯＭＯでは20万円ほどの民生のセンサーを使っている。ジャイロはかつては航空機やロケット、船舶などでしか使われなかった。それぞれ精密で信頼性の高い専用のジャイロを開発して使っていた。専用品だし精密な機械部品を組み合わせて作っていたものだから、非常に高価だった。その後ロケット用ジャイロはレーザー光線を使うものに進歩したが、高価な専用部品であることには変わりはなかった。

ところが21世紀に入って、スマートフォンやドローンが量産されるようになった。ここで出てきた製品が、半導体のチップの上にジャイロを作り込む半導体ジャイロというものだ。半導体は量産により非常に安くなる。半導体ジャイロは、スマートフォンやドローンに使われるようになって一気に需要が立ち上がり、非常に安く手に入るようになった。ＭＯＭＯでは、民生用の半導体ジャイロを調べ、ロケットに使える性能を持った製品を選んで使っている。

民生用部品の利用は電子系の部品だけではなく、一部の機械系部品にも及んでいる。ＭＯＭＯのエンジンを載せたジンバルを駆動し、噴射の向きを変えるためのモーターは、電動ドライバーに使われている民生品だ。

このような努力を積みかさねた結果が、ＭＯＭＯの５０００万円という打ち上げ価格だ。ＪＡＸＡによる億単位の打ち上げとは１桁違う。しかし、これで十分打ち上げはできるし、十分ペイする。

民生部品を試行錯誤しつつロケットに使っていけば、信頼性を確保するためのノウハウもＩＳＴ内部に蓄積されていく。これは、今後、より大きなロケットを安く開発するための強力な武器になるだろう。

## おバカな宇宙利用こそが、裾野を拡げる

では具体的に顧客が増えるというのはどういうことか。僕は、「**おバカな利用法が**

**増える**」ということだと考えている。宇宙に何かを届けるということは、それだけでも心が躍ることだ。心が躍るというだけでも、人はお金を出すことができる。

今までロケットのことなんて考えてもいなかった人達が、これまでの感覚で判断すると「くだらない」「つまらない」「意味ない」用途で、ロケットを使うようになって、初めて市場の拡大が起きる。「あ、こんなことに使ってもいいんだ」と思った人が参入してくるからだ。

大切なのは多数の人達がロケットを使うことで、これまでは思ってもいなかった新しい使い道が開拓されるということだ。山は高いほどに裾野は広い。安いということを武器にして、僕らは宇宙利用の裾野を拡げようとしているのである。

そんなライトな顧客をつかむのに重要なのは、「期日に確実に上がって成功すること」と「打ち上げの回数が多くて、思い立ったらすぐ搭載できること」だ。

科学的な実験を行なう科学者がユーザーなら、多少遅れても「仕方ないよね」と言ってくれる。やりたいことがロケットでしかできないから、ロケットのトラブルにはある程度寛容にならざるを得ないからだ。

しかしライトなユーザーは違う。「失敗しちゃったか。オシマイオシマイ」とか「あ、すぐにできないんだ。じゃ他の面白いことやるよ」と、別の面白そうなことに流れていってしまう。そんな人達を「面白そう」「面白そうだね」「やろうか」「やろうよ」と取り込んでいくためには、「安い」に加えて「素早い」「確実」を実現しなくてはいけないのだ。

こういった考えから、MOMOでは、積極的に今までになかったロケット利用をスポンサードとして引き受けている。3号機には神奈川県相模原市の食品会社GROSEBALの商品「とろけるハンバーグ」を搭載した。4号機ではハンバーガーに加えて、鋳物会社キャステムの折り紙飛行機、眼鏡メーカーOWNDAYSの新素材を使った眼鏡に、サザコーヒーの取り扱っている最高級コーヒー豆「パナマ・ゲイシャ」、投資会社レオス・キャピタルワークスのイメージキャラクター「ひふみろ」のぬいぐるみを搭載した。

これらが宇宙に行ったことで、なにか科学的成果があるかといえばない。しかしそれぞれ大きな意味がある。キャステムの折り紙飛行機は、鋳造・焼結などによる精密部品製造を手がける同社の戸田拓夫社長が、長年「宇宙から折り紙飛行機を飛ばしてみたい」と構想を暖めていたものだ。うまくいっていれば、それは1人の人がずっと願っていた夢の実現となっただろう。ハンバーグも眼鏡もコーヒー豆もぬいぐるみも、飛んだからといって科学的成果が得られるわけではない。しかし、面白い。面白いし人目を引くし、会社としては話題を集められただけでもPRとして十分大きな意味がある。

ロケットの利用法は、ペイロードを載せるだけじゃない。4号機からは、和歌山県海南市の平和酒造株式会社が作っている日本酒「紀土」を燃料に混ぜた。「日本酒で飛ぶロケット」というわけである。MOMOはエタノールを燃料に使っているのでこういうことができる。燃料に混ぜるのは蒸留を繰り返してアルコール濃度をぎりぎりまで高めた「紀土」だ。ちなみに香り成分も濃縮されているので、飲むと香り高いウォッカみたいで強烈にうまい。これもまた、平和酒造にとっては話題作りとなる。

5号機では、大阪の製菓会社瓢月堂のお菓子「たこパティエ」を射点に設置。打ち上がるロケットの炎でお菓子を焼こうというわけだ。バカバカしいといえばそれまで

【MOMO５号機のスポンサーの皆様と】

画像提供：インターステラテクノロジズ

だが、「ロケットはこんな使い方もある」という意味では素晴らしい試みだ。

　また、初の個人からのペイロード引き受けとして、ニコニコ動画などで活躍している超電磁Pさんの「はちゅねミク」人形を搭載する。知らない人に説明するのは長くなるのだけれど、歌声合成ソフトウエア「初音ミク」（クリプトン・フューチャー・メディア）をデフォルメしたキャラクターとして知られている「はちゅねミク」には、ユーザー達が後から「ネギを振って歌う」という設定を付け加え、それが一般化してしまった。そこで超電磁Pさんが作ったネギを振る「はちゅねミク」人形を打ち上げ、「宇宙空間でネギを振って歌うはちゅねミク」という映像を取得する。「だからどうした?」「面白ければいいじゃないか!」だ。

機体表面や射場施設への広告やネーミングライツの販売も行なっている。ISTは打ち上げで収入が得られるし、広告主は話題を取ることができる。

ISTの特徴は「みんなのロケット」であることだ。

打ち上げごとに行なっているクラウドファンディングも、集まるお金以上に「みんなが、宇宙に、MOMOに興味を持ってもらえれば」という気持ちで行なっている。お金を出すことで、自分のロケットだと感じてもらいたいし、打ち上げにワクワクしてもらいたいと思っている。僕らがきちんと色々な情報を開示していって、またクラウドファンディングのお返しをしていけば、応募してくれた方達の興味を持続させることができるだろう。その中から、1人でも2人でも、「宇宙での面白いことを考えた!」とMOMOの新しい利用方法を考えてくれれば、それはとてもうれしいことだ。そうやって宇宙の利用は広がっていくのだ。

## ZEROは人工衛星を宇宙に運ぶインフラになる

MOMOは発展途上のロケットで、どんどん改良を加えている。初号機はロール軸回りの回転を高圧の窒素ガスを噴射することで制御する装置を積んでいた。ところがこの制御装置の力が弱く制御が不完全で、本体がコマのようにくるくる回転してしまって、失敗の原因の1つとなった。そこで2号機では、推進剤を燃やして高温高圧ガスを噴射するスラスターを、ロール軸回りの制御に使うことにした。すると今度はスラスターで発生するガスが高温になりすぎて配管から漏れ、メインのエンジンを制御する配管を破壊してエンジンが停止し、墜落・炎上してしまった。

問題点を改良して3号機は成功した。ところが、4号機は地上との通信が途切れてしまったので、飛行安全のためのソフトウエアが「これは危険な状態だ」と判断してエンジンを停止、打ち上げは失敗してしまった。

まだまだ道半ばだが、一つひとつ問題点を潰し、また改良を加えて、MOMOは確実によくなってきている。十分なところまできたら設計をフィックスして、次は打ち上げ回数の増加に力を入れる。年間5回から10回は打ち上げを行ないたい。

そして、2022年から2023年の初号機打ち上げを目指して、衛星打ち上げロケット「ZERO」の開発に全力投球する。ZEROが目指すのは、地球を回る衛星をもっと簡単に打ち上げられるようにすることだ。

ZEROは、高度500kmの地球低軌道に100kgの超小型人口衛星を打ち上げる能力を持つロケットだ。ZEROという名前は僕の著書『ゼロ』（ダイヤモンド社刊）にちなんだもので、「ここから始める」という意味を込めている。

液体推進剤を使う2段式ロケットで、目標打ち上げ費用は1回6億円以下だ。海外のライバルとほぼ同等の価格か、それ以下を狙う。全長22m、打ち上げ時重量35t。海外のライバルと比較すると、大きさの割に打ち上げ能力は低い。そうだ、ZEROでも追求するのは性能ではない。

画像提供：インターステラテクノロジズ（イメージ図）

**ZEROで狙うのは、ロケットをインフラにすること。**使い勝手をよくして「選ばれるロケット」にすること。現在、人工衛星を打ち上げようと思うと9か月から2年前くらいに契約しなければならないが、その期間をできるだけ短くできないかなど、今から様々な検討をしている。

ZEROの開発に必要な技術のうち、噴射方向の制御や通信、搭載電子機器系はMOMOで経験を積むことができているので、ISTには開発するだけの実力がついていると考えている。

一番大きな技術的な挑戦はエンジンだろう。軌道投入するためには、MOMOのような弾道飛行の約30倍ものエネルギーが必要となる。そこでZEROのために、推力6tfのエンジンを新たに開発する。2019年3月には最初の燃焼試験を行なった。ZEROは、このエンジンを1段に9基、2段に1基使用することにしている。同型のエンジンを9基／1基で使用する機体形式は、スペースXの「ファルコン9」や、ロケット・ラボの「エレクトロン」といったロケットと同じだ。1段と2段の規模を最適な比率にしつつ、1段と2段とで同じエンジンを使って開発要素を減らすという条件でロケットを設計すると、必然的にこのような設計に行き着く。

しかし、実現には課題も大きい。1社単独で開発するのは難しいと判断し、JAXAはじめ様々な有識者に入ってもらい、企業版ファンクラブ「みんなのロケットパートナーズ」を結成した。「僕らのロケット」から「みんなのロケット」となり、様々な支援者と一緒に実現していきたいと思う。

## 回収再利用は低コスト化ではなく打ち上げ回数増加が狙いだ

その一方でZEROでは、ここしばらくの宇宙輸送システムの大きなトレンドである、第1段の再利用はやらない。

「再利用」というのは、文字通り、ロケットの機体の一部を再利用することだ。現在の大抵の宇宙ロケットは、打ち上げたら終わりの使い捨て。そこでその一部を再利用することで、コスト削減を図ろうというものだ。

代表的なのは、スペースXのファルコンだろう。ファルコン9では、第1段エンジンとタンクを回収している。

2015年12月、ファルコン9は初めての第1段回収に成功した。分離後の第1段をエンジン噴射で射点近くに戻し、着陸脚を展開して逆噴射で着陸させたのである。以降、スペースXは第1段をどんどん回収してはまた打ち上げている。

スペースXの成功は世界中で追従者を生んでいる。ブルー・オリジンは開発中の大型ロケット「ニュー・グレン」の第1段を、ファルコン9と同様に逆噴射で回収し、再利用するとしている。中国は「長征8」ロケットの第1段とブースターを、同じやり方で回収再利用する計画を進めている。小型ロケットの分野でも、ロケット・ラボの「エレクトロン」が、第1段の回収と再利用を打ち出した。ただし逆噴射による着陸ではなく、パラシュートを開いて降下する途中で、ヘリコプターに引っかけて回収する予定だ。欧州宇宙機関（ESA）と日本のJAXAも協力して、第1段回収に向けた実験機「カリスト」の開発を進めている。

スペースXのイーロン・マスクは、回収再利用によって打ち上げコストは100分の1まで下げられると言っている。ところが第1段の回収再利用が完全に軌道に乗ったにもかかわらず、ファルコン9の打ち上げ価格は下がっていない。もちろん下げなくても顧客が付くという読みがあるから下げていないのだろうが、それだけではない理由があるはずだ。

僕は「回収再利用してもあまりコストが下がらないからではないか」と推測している。過去にも回収再利用でコストが下がるどころか高騰したスペースシャトルという実例がある。回収再利用ですぐにコストが下がるとは思わないほうがいい。

では、なぜスペースXは回収再利用へと進んだのか。それをはっきりわからせてくれたのが、ロケット・ラボの「エレクトロン」が回収再利用を行なう理由だ。同社の創業者のピーター・ベックは「コストを下げるためではない。打ち上げ頻度を上げるためだ」と明言した。

使い捨てのロケットの打ち上げ頻度を上げるためには、それだけロケットの生産速度を上げなくてはいけない。つまり生産設備に投資する必要がある。しかし、生産設備への投資は、常に生産能力過剰の恐怖と表裏一体だ。設備投資したはいいが、予想したように顧客がつかないと大きな損失が発生する。

そこで回収再利用というわけだ。回収再利用のコストが、生産設備への投資よりも小さければ、打ち上げコストが下がらなくても回収再利用を行なう意味が出てくる。つまり回収再利用は、現状の生産設備のままで、打ち上げ頻度を上げるための手段なのである。

僕は、おそらくスペースXも、設備投資をせずに打ち上げ頻度を上げるための手段として回収再利用を進めているのではないかと推測している。

今、衛星の世界では数十から数千、1万機もの小型衛星を打ち上げて地球全体を一気に覆って通信や地表の観測といったサービスを行なう衛星コンステレーションが、ホットな話題となっている。

スペースXも、1万2000機もの通信衛星を軌道上に展開する大規模な衛星コンステレーション「スターリンク」の構築を目指していて、すでにスターリンク衛星の打ち上げを開始している。スターリンク衛星はファルコン9ロケットで1度に60機を同時に打ち上げる。同社は2020年は1か月に2回の割合でスターリンク衛星の打ち上げを行なうとしている。2020年は年24回の打ち上げで、1440機の衛星を軌道投入するわけだ。早期に1万2000機を配備するつもりなら、2021年以降は、月4回とか5回の打ち上げを実施していく必要がある。

それだけの打ち上げ回数を使い捨てで行なうなら、見合う数のロケットを製造できる生産設備が必須だ。しかし、回収再利用なら、その設備投資は不要になる。ましてや、スペースXは、次世代ロケット「スターシップ」でもっと大々的に回収再利用を行なうべく技術開発を進めている。イーロン・マスクが既存のファルコン9の生産設備と新しく開発中のスターシップのどちらに投資したいかといえば、絶対にスターシップだろう。

多分、現状では「回収再利用で打ち上げコストが下がる」は間違いで、「回収再利用で打ち上げ頻度を上げられる」が正解ではなかろうか。

## ロケットを年1000機でも1万機でも——日本の未来は宇宙にかかっている

僕がこのことに気がついたのは、自動車をはじめとした大量生産の現場を見学し、そのコストダウンのものすごさを実感していたことが大きく影響しているだろう。ロケットの大量生産といっても、年間10機とか20機だ。スペースＸだって、第１段を再利用しつつも２０１８年の打ち上げ実績は21機、２０１９年は13機だった。これは自動車でいえば、競技専用のラリー車やＦ１カーを手作りしている程度でしかない。対して、トヨタのハイブリッドカー「プリウス」は２０１９年上半期だけで７万台も販売している。桁が違うなんてものじゃない。それだけの大量生産をしているからこそ、ハイブリッドカーのような複雑でたくさんの部品を使う自動車を、２００万円台という破格の低価格で売ることができるのだ。

実際問題として、よほどのことがない限り再利用による低価格化が、大量生産に勝てるとは思えない。回収再利用を考える前に、ロケットを今の自動車並みに大量生産すべきと自分は考えている。

今、自動車並みと書いたが、「何をホラ吹いている」と思った方は結構多いのではなかろうか。

が、実のところこんなのはホラでもなんでもない。**今、日本は「世界で最もロケット打ち上げに向いた場所」という利点を生かして、プリウスを売るみたいにロケットを打ち上げないことには、未来がないというところに来ているのである。**

ここはなかなかわかってもらえない議論ではあるのだが、本当の本当にそんな局面が到達しつつあるのだ。

その理由は、おそらくあなたのポケットにも入っているリチウムイオン電池にある。スマートフォンの電池だ。次の章でその理由を説明しよう。

# 第4章

# 自動車産業の次に日本を支えるのは宇宙産業しかない

ＩＳＴ以外の宇宙事業も含め、僕は今まで私財の60億円を宇宙産業に投入してきている。「道楽だ」などと揶揄されることもあるが、今は、**ロケットの開発は、これからの日本の産業や経済に大いに貢献できる**と考えている。

先に触れたように、日本はテクノロジーではなかなか勝てる手が見つからない。１９８０年には生産台数世界一だった日本の自動車産業も、今後は電気自動車（ＥＶ）や自動運転の普及で、産業構造自体が変わってしまう。

あれだけ大きな産業が変化すれば、自動車業界に携わる人の雇用にもかかわる。ちなみに自動車関連の就業人口は５４６万人で、全就業人口の８・２％を占める（総務省「労働力調査（平成30年平均）」、経済産業省「平成29年工業統計表」「平成27年延長産業連関表」等をもとに、日本自動車工業会が算出）。

まずは、ＥＶがガソリンやディーゼルで動く自動車を席巻する理由から説明していこう。

## 創業16年でテスラは世界第2位の自動車メーカーに成長した

２０２０年１月22日、自動車メーカーのテスラ社の株価が最高値を更新し、同社は時価総額で世界第2位の自動車メーカーになった。この日の時点で、時価総額世界１位の自動車メーカーは日本のトヨタで、前日の2位はドイツのフォルクスワーゲンだった。テスラはフォルクスワーゲンを抜いて、2位になったのだった。

テスラは、スペースXのＣＥＯでもあるイーロン・マスクが興した会社だ。２００３年に彼がテスラを立ち上げた時、多くの人は「うまくいくのか？」という疑念を抱いた。なぜなら、自動車は１００年以上の歴史の中でとてつもなく進歩していて、おいそれと新規参入できるような産業ではなかったからだ。

もちろんイーロン・マスクには勝算があった。彼が作ろうとしたのは、エンジンを使う自動車ではなく電気自動車だったのだ。そして電気自動車にとって最も重要な部品が、2003年時点でまさに実用化しつつあったからである。

リチウムイオン電池だ。

読者の方には遠回りに見えるかもしれないが、ここではガソリンやディーゼルを使ったエンジンと電気自動車について、歴史的な流れを振り返りながら、説明したい。

## 1900年代の電気自動車vsガソリン自動車

今の自動車のようなエンジンを動力とする自動車は、1885年にドイツのカール・ベンツが発明した。現在のダイムラー・ベンツ社の創業者の1人である。実は19世紀末の時点では、自動車の動力に何を使うかは、混沌としていた。ガソリンを使うエンジンは技術が未熟だったし、その一方で蒸気機関は18世紀以来ずっと技術開発が続いていて、すでにかなり洗練されていた。そんな、自動車動力の候補の中に、電動モーターもあがっていた。なにしろ最初の電気自動車はガソリンの自動車よりも半世紀近く早い、1830年代には試作されていたのである。

20世紀初頭には、ガソリン自動車と電気自動車が併売されていて、どちらが有利ともつかない状況だった。有名なところではポルシェ社創業者のフェルディナンド・ポルシェが1900年に当時働いていたローナー社という会社で「ローナーポルシェ」という電気自動車を作っている。同じ頃にポルシェは、ガソリンエンジンと電動モーターを併用する世界初のハイブリッドカーまで作っている。一言で言えばポルシェは時代に先駆けた天才だったのだ。これは、豆知識ということで。

そんな状況からガソリンエンジンとディーゼルエンジン――まとめて内燃機関と言ってしまうが――を使う自動車が抜け出し、今に至っているわけだが、なぜ電気自動車が負けたかというと、電池が大きく重かったからだった。

電気自動車が使う電池は、かなり大きいので、乾電池のような使い捨て電池というわけにはいかない。使い捨てにしたら高くつきすぎる。使い切ったらまた充電できる電池でなくてはいけない。

20世紀初頭の段階で、充電できる電池と言えば1859年に発明された鉛蓄電池だった。今も自動車のバッテリーなどに使われている電池で、電極に鉛を使用する。

鉛蓄電池は性能が安定していて、しかも安く作れるという特徴を持っている。容量もその当時としては大きかった。

それでも、ガソリンに比べると自動車向けとしては大切な性能が劣っていた。容量だ。単位重量当たりに蓄えることができるエネルギーである。エネルギー密度といってもいい。鉛蓄電池は1kg当たり40ワット時（Wh）ぐらいのエネルギーを蓄えることができる。電池の場合、この値は使っている材料でほぼ決まってくる。だから改良しようとしても、あまり大幅に改良することはできない。

ガソリンはといえば、1kg当たり1万2000ワット時（12Kワット時）ものエネルギーを持っている。鉛蓄電池の実に300倍だ。それでも、内燃機関の技術が未熟な時代は勝負になったのだけれど、どんどん技術が進歩すると、鉛蓄電池の電気自動車は内燃機関の自動車に性能面でかなわなくなり、消えていったのだった。

## ガソリンやディーゼルのエンジンには、「この世の理」から来る限界がある

ところでエネルギー源であるガソリンと鉛蓄電池のエネルギー密度に300倍もの差があったのに、なぜ草創期の電気自動車はエンジン車に張り合うことができたのかといえば、2つ理由があった。

まず、実は内燃機関には物理学の本質からくる大きな問題点があった。

少し説明しておくと、ガソリンエンジンにせよディーゼルエンジンにせよ、内燃機関は燃料を燃やして得た熱から動力を取り出す。「熱から動力を取り出す」のは蒸気機関のような外燃機関も同じだ。ちなみに内燃機関と外燃機関の違いは「動作流体の中で燃焼が起きるか否か」だ。内燃機関では燃えたガスが直接ピストンを動かすが、外燃機関の蒸気機関では、燃やして得た熱で蒸気を作ってピストンを動かす。

ところで、内燃機関にせよ外燃機関にせよ、**熱機関は、熱というエネルギーの性質上、動力として取り出せるエネルギーの上限が決まってしまっているのだ。**これは熱力学第2法則という自然界の性質から決まっていることで絶対に破ることができない。

このことは、発見者ニコラ・カルノーの名前を取って「カルノーの定理」と呼ばれている。ちなみにカルノーは19世紀初めの、フランスの物理学者。本職は軍人だった。

カルノーの定理から来る熱機関の理論的限界は、85%ぐらいになる。つまり内燃機関はどんなに頑張っても、燃料が持っているエネルギーの85%しか動力として取り出すことはできない。残る15%は排気ガスの熱として捨てなくてはいけない。これが物理学の示すこの世の理なのだ。

しかも、カルノーの定理の限界は、「ピストンを動かすのに無限の時間をかける」とか「温度差がほとんどない状態で少しずつ熱を移す」というような、実際には実現不可能な理想的な状態を考えて理論的にやっと得られるものだ。実際のエンジンでは効率はもっともっとずっと低くなる。初期は燃料が持っているエネルギーの15%ほどが動力になれば御の字だった。日本の自動車メーカーが、どんどん自動車を生産し始め、モータリゼーションが始まった1960年頃の時点で、効率は25%に届くか届かないかという程度だった。

そこから自動車メーカーはどこも、それこそ血のにじむような努力を長年続けて、エンジンの効率を上げてきた。2020年現在、市販車搭載エンジンの熱効率は40%に届きつつあり、研究レベルでは50%を望めるところまできている。とはいえ、これまた「エンジンを一定回転数で回した場合」というような理想的な状態での数値であって、加速ありブレーキありの一般道を実際に走るとなると、この効率をいつもキープするのはとても難しい。

## 電動モーターの効率は90％以上だ

一方で、電気自動車で使用している電動モーターは本質的にものすごく効率が高い動力源だ。電動モーターの効率がどれぐらいかというと、これが実に80％以上なのだ。高性能モーターだと楽々90％を超える。つまり電池に蓄えたエネルギーの9割を車輪を回す動力に変換できる。しかも素晴らしいことに、この効率は一般道を走ってもそんなに落ちるものではない。

つまり、だ。

既存の内燃機関の自動車と、電気自動車との対決の構図は、こんな割と簡単な表にまとめることができる。

【内燃機関と電動モーターの違い】

| 動力源 | 効率<br>（燃料／電池に蓄えたエネルギーのうちどれだけが動力になるか） | 燃料／電池のエネルギー密度 |
| --- | --- | --- |
| 内燃機関 | 効率が低い | 密度が高い |
| 電動モーター | 効率が高い | 密度が低い |

この表を見て気がつかないだろうか。電池のエネルギー密度が十分高くなれば、電気自動車のほうが既存の内燃機関の自動車よりも性能的に有利になるのである。

モーターには内燃機関にはない様々な利点がある。モーターは回転数ゼロから軸を回すトルク（物体を回転させる力）が発生する。だから変速機がいらない。対して内燃機関はある程度回転数が上がらないと十分なトルクが発生しないので重たい変速機を使ってトルクの発生する回転数の範囲内でエンジンを運転する必要がある。

さらにモーターはブレーキング時に電力を発生させることができる。その電力で電池に充電してやれば効率はぐっと上がる。回生ブレーキという技術だ。内燃機関の自動車でいえば「ブレーキを踏むとガソリンが生産されて燃料タンクに戻る」という夢みたいなことが、電気自動車ならば可能なのである。

そして電気自動車は静かだし、なにより排気ガスを発生しない。色々な利点を組み合わせて評価していくと、**エネルギー密度が1kg当たり200ワット時ぐらいのところから、電気自動車が内燃機関に対抗できる程度の実用性を備え始める。**

## リチウムイオン電池が自動車業界を変える

そのエネルギー密度を達成する技術が、リチウムイオン電池なのである。最初のリチウムイオン電池は1991年に発売された。初期のリチウムイオン電池は高価で、取り扱いが難しく、安全性も鉛蓄電池ほどではなかったが、その後の技術の進歩は目覚ましく、今やごく当たり前に社会のあちこちで使われるようになっている。大量に生産されるおかげで、価格も十分に低下した。

パソコンもデジカメもスマートフォンも、リチウムイオン電池以前は、電池の持ちが悪くて使い勝手は悪かった。乾電池や充電済みの電池を持ち歩き、電池が切れるとその場で交換するというのが当たり前だった。それがリチウムイオン電池の出現で、1日から数日は当たり前に使い続けることができるようになった。今、スマートフォンの電池は内部に作りつけで交換できないようになっているが、それはリチウムイオン電池の出現で電池の交換が必要なくなったからだ。電池を交換できるようにするよりも、作りつけにして、その分小さく軽くするほうが商品性が上がるようになったのである。

2019年のノーベル化学賞は吉野彰、ジョン・グッドイナフ、スタンリー・ウィッテンガムの3人が「リチウムイオン二次電池の開発」で授賞した。当然だと思う。リチウムイオン電池は、それほどまでに偉大な発明だったのである。

社会のあちこちで使われるということは、それだけ巨大な需要があるということだ。需要は研究開発のための投資を呼び込む。今やリチウムイオンだけではなく、充電可能な二次電池全般の開発は、もの凄い勢いで進んでいて、使い勝手もエネルギー密度も向上し続けている。おそらく10年後の2030年頃には、電気自動車のほうが内燃機関の自動車より使い勝手も性能も上ということになるだろう。

**イーロン・マスクは、2003年の時点でそういう技術動向を先読みして、テスラを立ち上げた。**最初はみんな「なにやってんだ?」と思ったわけだが、今や彼の正しさにみんな気がつき、結果としてテスラ株が高騰して時価総額世界2位ということになったわけである。

その意味するところは日本にとって深刻だ。既存の自動車メーカーが長年かけて蓄積してきた内燃機関のノウハウというアドバンテージが崩壊するのだ。それどころか自動車産業という日本を支えている巨大産業が今のままでは存続できなくなる可能性が大きいのである。

## エンジンの「燃焼」技術は、ノウハウの塊だ

この本を読んでいる方がもしも自動車をお持ちなら、ボンネットを開いてエンジンを見てもらいたい。とはいえ、最近の自動車はエンジンにカバーを付けて見えなくしていることも多い。できれば少し古い自動車のほうがいいだろう。

エンジンを見ると、それが実にたくさんの部品から構成されていることがわかる。それらすべての部品には機能がある。小さな機能を担う部品が多数集合し、組み立て

られてエンジンはできている。各部品の機能はすべて「燃焼で発生した熱から車輪を回すエネルギーを取り出す」という目的のためのものだ。一つひとつの部品は長い時間をかけたたゆまぬ研究開発の成果であり、そんな部品が組み合わさってエンジンという内燃機関ができあがっている。

燃焼――そうだ、自動車という複雑な機械の核となるのがエンジンであり、エンジンの核にあるのが燃焼だ。つまりよい自動車を作ることの根本には「理想的な燃焼を実現する」ための、物理現象との格闘があるといってもいいだろう。

ところが、燃焼は、実はまったくもって一筋縄ではいかない。

燃焼は、燃料と酸化剤を混合して点火すると、化学反応で熱が発生する物理現象だ。ガソリンエンジンなら、霧状にしたガソリンを空気と混ぜて混合気という状態にして圧縮し、プラグで火花を飛ばして点火する。燃料はガソリン、酸化剤は空気中の酸素である。

この一連のプロセスには様々な物理現象が関係している。まず空気という気体の中に霧状の液滴のガソリンがどのようにして混ざっていくかは、流体力学の範疇だ。圧縮では流体力学と熱力学の両方を考えねばならない。そこで爆発が起きると、今度は化学反応論や反応速度論といった分野の知見が必須となる。熱から動力を取り出すプロセスは熱力学の議論そのものだし、余分な廃熱をどうやって逃がすかについては今度は伝熱論を知っておかなくてはいけない。

燃焼という現象は、方程式が1つあって、これを解けば全部解決するというものではないのだ。物理学と化学の多分野が複雑に絡まり合っているのである。

とはいえ、現実に起きていることだから実験はできる。つまり、燃焼を理解したければ、膨大な量の実験を行なって一つひとつ知見を積み上げていく必要がある。その知見に基づいて、今度は「いったいどんな風に設計したら、よりよいエンジンになるか」を考え、部品を設計し、組み合わせてエンジンを組み上げねばならない（ちなみに、僕らのロケットエンジンの開発も、相当大変だった）。

**「エンジンを開発する」という作業の核にあるのは「燃焼に関する知見を積み上げる」という、地味な作業の連続だ。**これを行なうことができた会社だけが、自動車メーカーとして生き残ることができたのだ。

言葉を換えていうと、燃焼を利用するエンジンの開発はノウハウの塊である、ということになる。

**新たに自動車産業に参入したければ、燃焼に関するノウハウの塊を手に入れなくてはならない。**手に入れる方法はただ1つ。同じだけの基礎研究をゼロから営々と積み上げることだけだ。それができないなら、先行する自動車メーカーに頭を下げて「エンジンを売ってください」と頼まねばならない。エンジンこそは自動車の中核だから、それは、後発のメーカーが先行するメーカーに支配されるということに他ならない。

現在では、自動車を開発・製造するのに必須のノウハウは、自動車メーカーだけが保有するものではなくなっている。自動車の製造販売は巨大産業となり、必要な部品を供給するサプライチェーンが発達した。自動車メーカーに部品を供給する会社、さらには部品メーカーからの注文に応じて、個々の部品を製造したり加工したりする会社――自動車に関するすべての会社がそれぞれ自動車に必須のノウハウを持っている。

また、燃焼そのものだけではなく、燃焼から派生する様々な技術もノウハウの塊であって、それらノウハウもまたサプライチェーンが分散して保有している。

一例として、エンジンには変速機が必須だが、変速機を自動車メーカーに提供する部品会社というものが存在する。日本ならばデンソーとアイシン精機という大きな会社があるし、海外ならカナダのマグナ・インターナショナル、ドイツのロバート・ボッシュ、コンチネンタル、ZFといった会社が変速機を作っている。現代の自動車の自動変速機、特に高級車向けの8段とか10段の多段自動変速機は、もはや「エンジンオイルで計算する機械式コンピューター」と言わねばならないほど精密で複雑なものだが、これもまたノウハウの塊であって、おいそれと作れるものではない。そのノウハウは自動車メーカーではなく、変速機を作る会社が保有しているわけである。

## エンジンほどのノウハウがいらない電気自動車

では、電気自動車はどうか。

実は電動モーターにはエンジンほどの複雑かつ膨大なノウハウは必要ない。設計の基本は、電気と磁気に関する電磁気学という学問分野1つだけだ。

どんな機械でも突き詰めていけば必ずノウハウの蓄積が必要になる。モーターも例外ではない。しかし、エンジンに比べるとずっと単純で、最先端の性能を突き詰めなければモーター製造への参入は容易だ。

しかも、電池技術の進歩によってこれから10年、20年のスパンで見ると、電気自動車のほうが内燃機関の自動車よりも性能がよくなる可能性が高い。

もう1つ、電動モーターには内燃機関よりも優れた特性がある。制御しやすいのだ。エンジンは空気と燃料の流量を調節することで出力を制御する。間に混合とか圧縮、爆発といった物理的プロセスがいっぱい挟まるので、空気と燃料の流量というインプットとエンジン出力というアウトプットを精密に対応させるのはなかなか難しい。

一方電動モーターは、電流・電圧に対応して出力がすぐに発生する。だから電流・電圧というインプットの変化に、モーター出力がかっちり対応する。しかも1960年代以降の半導体技術の大幅な進歩により、電流・電圧を制御するパワー半導体素子の性能はものすごくよくなっているし、同時に安くもなっている。

この特徴は、今後普及するであろう自動運転車に、大変好適だ。自動運転車では各種センサーで周囲の状況を監視しコンピューターがどのように動作するか判断し、その通り動くように動力に伝える。この時、動力の制御が難しければ、たとえば止まるべきところで止まれないというようなことにもなりかねない。自動運転車は必然的に電気自動車にならざるを得ないといっても過言ではないだろう。

テスラが自動運転に大変な力を込めているのは、決してイーロン・マスクの趣味ではない。**電気自動車は本質として自動運転に向いている技術であることを、彼らが理解しているからなのだ。**

このように、内燃機関を使う今の自動車と、電気自動車の特徴や使う技術、産業の構造を見ていくと、恐ろしい結論に到達する。

山のようなノウハウを血のにじむような努力で会得し、世界を席巻し、日本を支える基幹産業となった日本の自動車産業――その強さの根幹は燃焼を中心としたノウハウを保持するサプライチェーンにあった。

**ところが、そのサプライチェーンが、電気自動車というパラダイムシフトによって崩壊するのである。**

# 電気自動車がもたらすのは「雇用の喪失」だ

もちろんこのことは、自動車各メーカーの首脳陣でもわかっている人は、とうの昔にわかっている。トヨタ自動車は2019年の業績が絶好調だったが、2020年念頭の挨拶で豊田章男社長は、危機感もあらわに「自動車産業だけでなくあらゆる産業が未来のビジネスモデルを模索しています」「誰にも未来は見えないし、わかりません。でも、たどり着きたい未来があり、見えない未来への道を必死で模索し続けている人にはわかるもの、感じ取れるものがあるのではないでしょうか」と訴えた。

間違いなく豊田章男社長は、この先、既存の自動車産業がどうなるかが見えているのだと思う。だから業績絶好調でも強烈な危機感を持って行動しようとしている。が、僕の見るところ自動車各社の取締役会には、まだあまり危機感を持っていない人が結構在籍しているようだ。

この事情は、自動車部品を作っている、**サプライチェーンを構成するメーカーにとっては、もっと切迫している。**自動車メーカー本体はまだ、今まで培った自動車技術を使って、今度は電気自動車を作ろうという道がある。実際その方向で、各社動き始めている。

しかしエンジンやエンジン周辺の部品を作って自動車メーカーに納入している企業は、別の顧客を見つけるか、まったく新しい分野に進出するか、それとも業態を全面転換するか――いずれにせよ、今のままでは生き残ることができない。失敗すれば会社は潰れる。会社が潰れれば雇用が喪失する。

しかも、自動車メーカーが今までの自動車の延長のつもりで、動力が電動モーターになっただけの電気自動車を作って売り出したとしても、過去ほどに大量に売れるとは限らないだろう。

なぜ自動車の製造販売が一大産業になったかといえば、それまで鉄道や船のような公共交通機関しかなかった社会のモビリティに、「自分の意志で自分の行きたい所へ、パーソナルな空間とともに行く」というパーソナル・モビリティを持ち込んだからだ。

だからこそ、自動車は個人の所有物となったし、個人が買うことにより巨大な市場が発生し、その需要を満たすことで自動車産業は大きく成長した。

では、自動運転の電気自動車が、内燃機関の自動車がマイカーとして売れたのと同じように社会の需要を満たすのかといえば、そうとは限らない。自動車を持つのは結構な経済的な負担が伴う。車検もあるし税金も保険もかかる。さらに電気自動車は自動運転との親和性が高い。完全な自動運転がいつ頃実現するかについては、様々な意見があるが、電気自動車の普及と並行して自動運転技術が進歩することは間違いない。

完全な自動運転が可能になれば、自動車は現在の電車やバスのような公共交通機関となるだろう。イメージとしては現在のタクシーに近いが、自動運転技術で利用料金はずっと安くなる。家の前まで来て、目的地まで連れて行ってくれる公共交通機関だ。自動車は個人が所有するものではなくなり、必要に応じて移動というサービスを買うものになるだろう。そうなった場合、今のように自動車が大量に売れるとは限らない。だから自動車メーカーそのものも、現在のような雇用を維持できるとは限らない。

つまり、**電気自動車が日本社会にもたらそうとしているのは雇用の喪失だ。**サプライチェーンは崩壊し、生き残りに失敗した企業は潰れ、自動車メーカーそのものの縮小し、雇用が失われる。雇用が喪失すれば、社会不安は増大し、経済は縮小してしまう。だから、日本社会としては、来たるべき電気自動車の時代に向けて、雇用を維持・拡大する方法を考えて実行しないといけないのだ。

## これからの「自動車業界」がやるべきこと

一番簡単かつ確実な生き残り策は、「サプライチェーンが今保有している技術を使って新たな市場に進出する」ということだ。保有する技術とは、「燃焼に関するノウハウ」に他ならない。

自動車が電動化されるとして、最後まで電動化できない、燃焼が有効な分野を探す必要がある。手持ちのノウハウでその分野に進出すれば、少なくとも既存のサプライチェーンの一部を温存し、生き残らせることができる。

しかし、どこにその場があるのか。

鉄道は無理だ。すでに電車は当たり前に走っている。自転車もダメ。電動アシストサイクルに見るように、パーソナル・モビリティはすべて電動化されるだろう。同じ理由でバイクも却下だ。自動車と歩調を合わせて、バイクの電動化も進むだろう。

航空機も、自家用機クラスの小型航空機は、今や電動化による技術革新で沸いている状況だ。垂直離着陸可能な電動航空機が「空飛ぶ自動車」などと呼ばれて、開発されるようになっている。航空関係者は、そんな電動航空機が、近未来の近距離交通で大々的に利用される可能性を検討し、法律など社会制度を整備しないといけない、と議論している。

ただし旅客機など大型の航空機は、まだまだ内燃機関が使われるだろう。内燃機関を使う航空機の場合は、燃料を消費するほどに機体が軽くなり、飛行性能が向上する。燃料消費による飛行中の軽量化は、大型の機体であるほど、また長距離を飛ぶほど大きくなる。電池は電力を消費しても軽くならない。だから旅客機、それも長距離旅客機ほど、内燃機関を使うメリットは大きい。電池の性能向上とともに、徐々に小さいほうから電動に置き換わるだろうが、国際線を飛ぶような大型旅客機は、しばらくの間は内燃機関の天下が続くだろう。

しかし、大型旅客機の開発と製造は、世界的にボーイングとエアバスがおさえてしまっている。エンジンも、ロールスロイスとゼネラル・エレクトリック（GE）、プラット&ホイットニーの3社体制が確立してしまっていて、日本のメーカーは3社の製品開発に参加して、一部の部品を供給する立場だ。

機体もエンジンも、世界的に先行するメーカーがぶ厚い技術蓄積を持っていて、今から本気を出しても市場への本格参入は大変難しい。

**ここで宇宙が、自動車のサプライチェーンが移行する分野として浮上するのである。**

## ロケットは、自動車業界を救えるか

さあ、考えてみよう。ロケットは、そして人工衛星は電動化できるかどうか。

実は、宇宙用の電気エンジンはすでに存在して、広く使われ始めている。イオンエンジンとか、MPDアークジェットとか、ホールスラスターとか、種類もいくつもある。

宇宙用の電気推進系には、自動車でいうところの燃費に相当する性能がとてもよいという特徴がある。だから同じ量の推進剤でずっと遠くまで行ける。ご存じ、日本の小惑星探査機「はやぶさ」は、イオンエンジンを使って小惑星イトカワまで行き、サンプルを採取して地球に帰還した。2020年3月現在、後継機の「はやぶさ2」が小惑星リュウグウの探査を終え、サンプルを持って地球に帰還する途中だ。今までの探査機が行ったら行ったっきりだったのに対して、「はやぶさ」「はやぶさ2」が帰ってこられるのは、燃費のよいイオンエンジンを使っているからだ。

宇宙用の電気推進系は、静止軌道を使う通信・放送衛星でも使われている。燃費に相当する性能がとてもよいので、同じ重量の衛星でも長い期間使うことができるというのが売りだ。衛星は1度打ち上げたら推進剤は補給できない。軌道修正用の推進剤がガス欠になると、そこが衛星の寿命ということになる。燃費がよいとより長期間使えるようになるというわけだ。

では、地上から打ち上げるロケットのエンジンも電動化できるかというと、これができない。

宇宙用の電気推進系はどれも推力がとても小さい。はやぶさのイオンエンジンだと推力は0・7 gfぐらい。つまりは1円玉を手に乗せた時に感じる重さよりも小さな推力しか発生しない。宇宙空間には空気がないから、そんな小さな推力でも何か月も押し続けると大きな速度に到達できる。しかも燃費のよさという高性能も発揮できる。

しかしロケットは地球の重力に対抗して上に上がっていかねばならない。電気推進系ではそんなことはできない。燃焼を利用するロケットエンジンにしか、そんな大推力を発生させることはできない。

では、現在のロケットエンジンに変わる、もっと未来的な技術はあるかというと、これも見あたらない。1950年代から60年代にかけては燃焼の代わりに原子炉の熱を使う原子力ロケットというものが研究されたことがある。確かに原子力ロケットは地上からロケットを飛ばすぐらいの推力を発生させることは可能だ。だが、実際問題として、事故時の被害が大きくなりすぎるので、とてもではないが使えない。

地上から宇宙空間へ、人や物を運ぶロケットの動力は、今後ともずっと、燃焼を利用せざるを得ない。原理的にそうならざるを得ないのだ。たとえ国際線を飛ぶ大型旅客機が電動化される時代が来たとしても、ロケットは今と同じ燃焼という化学反応を使うロケットエンジンで飛んでいるだろう。

## ロケット産業は、これから成長する余地がある

そしてなによりも、ロケットの製造と開発は、旅客機のような大型航空機の開発・製造に比べると、世界的に見ても未発達だ。航空機は1903年12月のライト兄弟の初飛行以来、何度も何度も試作と飛行と失敗を繰り返し、進歩してきた。並行して社会制度も整備されて、がっちりできあがっている。

旅客機の安全性を確認する型式証明という社会制度は、何度もの大規模な航空機事故を経験し、そのたびに一層の安全性を求めて制度改革を続けてきた。だから、開発中の機体の設計を大変厳しく審査してダメ出しをする。審査の勘所を押さえた設計をするためのノウハウを、ゼロから身につけるのは大変なことだ。三菱重工業の新型旅客機、MRJを改名した三菱スペースジェットは、この型式証明を航空大国のアメリ

力で取得しようとして、大変な苦労を重ねている。それはそうだろう。完全に制度ができあがったところに、ノウハウなしで参入するのはものすごく労力がかかるだろうと思う。

しかしロケットはそこまで技術的な試行錯誤を尽くしてはいないし、社会制度もがちがちにはできあがっていない。むしろ、今から社会制度を作ろうとしているところで、**今参入すれば、社会制度の整備を並行して産業を大きくしていくことができる。**社会制度とともに手を取り合って学びながら、産業が成長できるのだ。

世界的にロケットの開発は、1950年代に始まったアメリカと旧ソ連の宇宙開発競争が起点となる。

ここで大ざっぱにロケットの世代を整理してみよう。まず1969年7月のアポロ11号月着陸までに初打ち上げを行なったロケットが、第1世代ということになるだろう。アメリカでいえば「アトラス」「タイタン」「デルタ」、旧ソ連なら「ソユーズ」「プロトン」といった各ロケットだ。

その次に第2世代として再利用型のスペースシャトルが開発されたが、宇宙輸送のコストダウンという面では失敗した。その結果、世界的に1990年代から2000年代にかけて真の第2世代というべきロケットが開発・運用されることとなった。アメリカの「アトラスV」「デルタ4」、欧州の「アリアン5」などだ。日本の「H-IIA」もこの第2世代に入るだろう。そのままいけば2020年代に向けて日本の「H3」や欧州の「アリアン6」など、第2世代をさらに低コスト化した第3世代ロケットが実用化するはずだった。

が、アメリカが2004年以降、民間に莫大な補助金を付けたことで、第1段を再利用する第4世代ロケットが先に実用化してしまった。スペースXの「ファルコン9」だ。現在開発中のブルー・オリジンの「ニュー・グレン」も第4世代ロケットと分類していいだろう。

ロケットの開発では、第1世代から第4世代まで、この60年間で試行錯誤と技術の更新が4回しか行なわれていないのである。

航空機は2回の世界大戦があったことも影響して、もの凄い回数の試行錯誤を重ねて、現在の姿に至っている。それに比べれば、ロケットはまだまだやれることはいっぱいあるし、追いつき追い越せる余地もまた大きい。

つまり、だ。自動車の電動化により、自動車産業のサプライチェーン崩壊を目前にした日本の目の前には、溜めに溜め込んだ燃焼のノウハウを生かせる唯一のとして宇宙、それもロケットという分野が広がっているのである。

ただし、先頭を走っているスペースXですら、現状では年数十回の打ち上げを行なっているレベルでしかない。自動車産業に比べれば、まったく産業規模は小さい。だからロケットに日本が傾注したとしても、現在の自動車産業のサプライチェーンのすべてを一気に引き受けるのは難しいだろう。

それでも、その一部は確実にロケットが代替できるはずである。**産業はきっかけがあれば大きく育つ。そのタイミングに産業の核となる技術的な種を持っていないと、波に乗り遅れる。**ここはロケットというものの産業規模の小ささを、今後の成長の余地が十分にあると考えるべきところではなかろうか。

# 10年以内にロケット産業を立ち上げるために

電気自動車、そして自動運転車の普及が、いつ頃から一気にくるか——主に電池の技術開発のロードマップから類推すると、2030年頃と考えていいだろうと僕は思っている。経済産業省系の独立行政法人新エネルギー・産業技術総合開発機構（NEDO）という組織が充電可能な二次電池の技術開発ロードマップを出していて、それによると2030年には電池の容量は現在の2倍、電池重量と価格は半分と予想しているのだ。製品としての電気自動車は、航続距離が500km、価格は200万円以下で、15年は余裕で使えるというものになる。

ここまでくれば、もう電気自動車の普及本番といっていいだろう。当然、それまでには自動運転技術も大変な進歩をしているはずで、内燃機関の自動車に勝ち目はないだろう。

だから、遅くとも今後10年でロケット産業立ち上げの目鼻をつけないといけない。昨年2019年、日本はH-ⅡAロケットを1機、固体で小型の「イプシロン」ロケット1機の合計2機しか衛星打ち上げ用ロケットを打ち上げていない。過去の一番多い年でも、2017年と2018年の各6機だ。「いったいこれでどうしろというのか」と言いたくなるほどの少なさだ。これでは産業は回していけない。

が、ロケット産業を短期間で一気に立ち上げる方法はわかっている。アメリカがすでに行なって成功しているからだ。スペースXという会社は、アメリカの国の政策に乗ってあそこまで大きくなったのである。

アメリカはアポロ計画終了後の1970年代から1980年代にかけて、低コスト宇宙輸送システムのスペースシャトルを開発し、運用することで、宇宙産業を立ち上げようとした。そのためにシャトルの運航が始まった1980年代から、色々な産業振興政策を実行した。基本は新しく起業したベンチャーに政府資金を突っ込むというものだ。ベンチャーと仕事の契約をしたり補助金を出すわけである。ところが、なかなかベンチャーは育たなかった。この時期に起業したベンチャーで大きく成長したのは、オービタル・サイエンスという会社だけだろう（現在は固体ロケットモーターのATKと合併して、オービタルATKという会社になっている）。

風向きが変わったのは、2004年1月のことだ。当時のブッシュ米大統領が新しい宇宙政策を発表したのである。ブッシュ新宇宙政策は、1980年代以来ずっと続けてきた「スペースシャトルを運航して国際宇宙ステーション（ISS）を建設する」という政策を一気にひっくりかえすものだった。スペースシャトルは2010年で引退させる（実際には、シャトル引退は2011年となった）。それまでにISSは完成させる。シャトルに変わる月にも行ける新しい有人宇宙船を開発して、遅くとも2014年までに初飛行させ、2020年までに有人月着陸を行なう（2020年2月現在、計画は遅れに遅れて、まだ有人宇宙船すら飛んでいないが）――。アメリカ宇宙開発の主軸をシャトルとISSから、アポロ以降初の有人月探査に組み替えるというものだった。

ブッシュ大統領の方針転換でNASAは微妙な立場に追い込まれた。ISSはアメリカだけではなく、ロシア、カナダ、日本、欧州各国にブラジルが参加する巨大国際協力計画だ。２００４年時点でＩＳＳは未完成。２０１０年に完成させるとしても、その後も運用には責任を持たなくてはいけない。しかし、スペースシャトルが引退となると、アメリカには必要な物資と宇宙飛行士をＩＳＳまで運ぶ手段がなくなってしまう。特に、ＩＳＳの維持運用に必須の大量の貨物を運ぶ輸送システムがなくなるのは大痛手だ。

そこでＮＡＳＡは、民間の力を頼ろうとした。「お金は出すから、ＩＳＳへの貨物輸送船を、それを打ち上げるロケットと対で作ってくれ。できあがったらＩＳＳへの貨物輸送用に買い上げる」とやったのだ。２００６年１月、ＮＡＳＡは「商業軌道輸送サービス（ＣＯＴＳ：Commercial Orbital Transportation Services）」という計画を開始した。ＣＯＴＳは、貨物輸送船とロケット開発に大規模な補助金を付けるという計画で、完成した輸送船はＮＡＳＡがＩＳＳへの貨物輸送用に使用する。

民間にしてみれば**「開発資金を国が出してくれる。できあがった製品も国が買い上げてくれる」**という大変都合のよいものだ。それでは民間が国を食い物にしてオシマイかといえばそんなことはない。宇宙産業は活性化し、規模は大きくなる。しかも民間には開発経験と技術が蓄積され、それはアメリカの国力の一環となる。

これはＮＡＳＡにとって大転換だった。ＮＡＳＡは作るものに口を出さずに、できあがったものを買うだけの購買者に徹したのである。それまで、アポロ宇宙船もスペースシャトルもＩＳＳも、ＮＡＳＡが「こんなものを作る」と決めて、それに合わせて民間のメーカーがブツを作ってきた。ブツ主体の宇宙開発だったわけだ。それがＣＯＴＳではＮＡＳＡが買うのは「ＩＳＳへの物資輸送」というサービスとなった。ＮＡＳＡは、システムの開発者からサービスの購入者へと立場を移したのである。

色々紆余曲折はあったが、ＣＯＴＳはうまくいった。そこで、ＮＡＳＡは有人宇宙船も同じスキームで民間に頼ろうとした。２０１０年からは「商業乗員輸送開発（ＣＣＤｅｖ：Commercial Crew Development）」という大規模な補助金計画を立ち上げた。やっていることはＣＯＴＳと同じで、「お金は出すから、ＩＳＳへの有人宇宙船を、それを打ち上げるロケットと対で作ってくれ。できあがったらＩＳＳへの宇宙飛行士を送り込むために買い上げる」である。

この2つの大規模補助金計画の波に、スペースXは乗った。

## NASAの補助金を得て、スペースXは高く飛んだ

イーロン・マスクは2002年5月に、宇宙輸送システムを開発する会社のスペースXを立ち上げた。その前に彼が立ち上げたネット少額決済サービスPayPal（起業時はX.comという名前だった）をネットオークション大手のeBayに売却して手に入れた利益が、起業の資金となった。

最初、スペースXは、「ファルコン1」という小型の衛星打ち上げロケットを開発した。アメリカの政府はいつものベンチャー支援策で、ファルコン1の開発途中に何回かの打ち上げ契約をスペースXと結んだ。

ファルコン1は2006年3月に初号機を、南太平洋クェゼリン環礁にある軍のミサイル発射実験場から打ち上げたが失敗した。2007年3月の2号機も、2008年3月の3号機も失敗。2008年9月の4号機でやっと成功した。この時、スペースXの金庫はすっからかんだった。

そのタイミングでCOTSが始まった。2006年に選ばれたのは、ベンチャーのロケットプレーン・キスラーと、大手のATKだったが、この初期の契約はうまくいかなかった。2008年に入ってNASAはCOTS参加メーカーの選定をやりなおし、2008年11月に、スペースXはオービタル・サイエンスとともに選ばれた。

ファルコン1の開発時点では、スペースX社は「ファルコン5」という中型ロケットを次に開発する予定だった。が、COTSに選ばれたおかげで、ファルコン1では1基だった1段エンジンを9基使う大型ロケット「ファルコン9」の開発へと一気に進んだ。

ファルコン9の1段にエンジンを9基使うというのは、イーロン・マスク本人のアイデアだそうだが、それが第1段の回収再利用というさらなる将来展望を生み出した。燃料を使い切って落ちてくる第1段は非常に軽くなっている。打ち上げ時のように全力噴射したら推力が大きすぎることになる。エンジン9基なら、エンジンを1基だけ噴射するというやり方で簡単に推力を絞って安全に着陸できるようになるのだ。

かくして2010年12月8日、ファルコン9の2号機で、スペースXの貨物輸送船

「ドラゴン」は初めて打ち上げられ、大気圏再突入にも成功し、無事に着水した。そうだ、ドラゴンにはＩＳＳから荷物を持って帰るという名目で大気圏再突入能力を持たせてあったのだ。それはもちろん、有人宇宙船への発展を見越しての、布石だった。打ち上げ成功は、そのまま実績としてカウントされる。２０１１年4月、スペースＸは有人宇宙船を開発するＣＣＤＥＶの第2ラウンドで、補助金獲得に成功した。補助金獲得によって資本市場での信用度が高くなるので、民間資金の調達も容易になった。

２０１２年からは、「ドラゴン」はＩＳＳへの物資補給を担うようになった。運行を繰り返すほどに実績は積み上がっていく。ＣＣＤＥＶは途中で実績審査があって選定されたメーカーを振り落とし、絞っていく仕組みになっている。スペースＸは各ラウンドを勝ち上がり、どんどん補助金を手に入れていった。それらはすべてファルコン9と、「ドラゴン2」有人宇宙船の開発に投資された。

実際、ちょっと調べるだけで、スペースＸには、アメリカ政府からＮＡＳＡ経由で莫大な補助金が投下されたことがわかる。２００８年にはＣＯＴＳで19億ドル、

２０１１年にはＣＣＤＥＶの第２ラウンドで７５００万ドル、２０１２年にはＣＣＤＥＶ第３ラウンドの「ＣＣｉＣａｐ（Commercial Crew integrated Capability）」で４億４０００万ドル、同年12月には９９０万ドルが追加。２０１４年9月に、「ドラゴン２／ファルコン９によるＩＳＳへの宇宙飛行士輸送」は正式の発注となって、スペースＸは26億ドルでＮＡＳＡと契約を結んだ。

なんだかんだでスペースＸは50億ドル（約５５００億円）を超える資金をＮＡＳＡから受け取り、それでファルコン９ロケットと、ドラゴン貨物輸送船、ドラゴン２有人宇宙船を開発したのである。そうして作り上げたファルコン９で、世界の商業衛星打ち上げ市場に殴り込みをかけて一気に市場シェアを獲得し、さらに得た利益を今やスターリンク通信衛星コンステレーションや、次世代の宇宙輸送システム「スターシップ」に投資しているのである。

## 日本政府は、大型宇宙計画に補助金を出して、サプライチェーンの転換を進めるべきだ

このスペースＸの成功を見れば、日本において一気にロケットを産業として立ち上

げ、自動車産業のサプライチェーンを移行させるために必要なことは明らかだろう。

**①国が巨大な計画を立ち上げること。**そしてそれは今までにないロケット、つまり燃焼のノウハウを必要とする宇宙輸送システムに対する大きな需要が長期間にわたって発生する宇宙計画である必要がある

**②宇宙輸送システムの開発に巨額の補助金を一気につけること**

**③国は技術には口を出さず、あくまで大口のサービス購入者として振る舞うこと**

この3つである。アメリカが成功していることを後追いすればいいのだから、簡単なことだ。

**日本政府にこれができるかどうかが、2030年の日本経済がどうなっているかを決めることになるのだ。**しかも巨額の投資といっても国としてはさほど大きな額ではない。スペースX並みに総額5500億円としても、10年なら年間550億円でしかない。ちなみに、NASAはスペースX以外にも補助金を出しているので、総額はこの2倍以上になる。それだって年間1000億円程度だ。年予算が100兆を超える

日本政府にとって、それだけで日本の未来が買えると考えるなら小さな額である。

——とまあ、こんなことを書くと「ホリエモンが巨額の補助金をＩＳＴに寄越せと言っている」とか言われるわけだが、ここまでで僕は何ひとつ嘘はついていない。間違ったことを言っていないという自信もある。むしろ「こんな単純なことが、なんで見えないのだろう」とすら思っている。営々と築き上げてきた自動車産業のサプライチェーンが崩壊しようとしている今、他にどんな対抗策があるというのだろうか。

ここで、多方面から出てくるであろう質問に答えておこう。

**Ｑ　そんな巨大宇宙計画なんてあり得るのか。全然思いつかない。**

**Ａ**　いくらでもあり得る。たとえば今、ＪＡＸＡはアメリカの有人月探査計画に参加して、物資の輸送を担う構想を持っている。これを「１種類のハードウエアだと事故が発生した時に危険なので、もう１種類、輸送船とロケットを用意する」とするだけで、すぐに計画は立ち上がる。

**Q　そんなカネ、財政難の日本にあるのか。そんなカネがあったら社会的弱者への福祉に回すべきではないか。**

**A**　今の日本が財政難かどうかという議論には踏み込まないでおく。それでも、経済というものは、まず何よりも円滑に回ることが大切であって、どこにいくら借金があるとか、どこにどれだけ内部留保があるとかは、大した意味はない、ということを指摘しておこう。内部留保なんて、使わなければただの帳簿の上の数字でしかない。

**経済が回っていればこそ、社会的弱者にも生きる道ができてくるのだ。**何よりも大切なのは経済が円滑に回ることだ。このような宇宙への国の大規模投資は日本の経済を円滑に回すために重要だと考える。

**Q　補助金を出したってどうせ大企業に吸い取られて、既存の古い体制を延命させるだけで終わるんじゃないの。**

**A**　今、日本で立ち上がっている宇宙輸送ベンチャーは、僕らのＩＳＴだけではない。スペースウォーカー、スペースワン、PDエアロスペース——少なくとも4社が存在し、それぞれ独自の計画を持って動いている。この状況で、古い大企業だけが計画に参加するということはあり得ない。大企業だけなんてそんな変な行政指導をするなら、それはもう日本もおしまいってことだ。そこは、僕は日本の行政を信用している。

**Q　自動車の燃焼のノウハウって、そんなに簡単にロケットエンジンに転用できるものなの?**

**A**　そのまま自動車の技術が転用できるかといえば、それほど簡単ではないだろう。しかし、燃焼という物理現象の理解という点で、自動車メーカーに在籍するエンジン技術者の右に出る者はない。むしろノウハウとして当てにしているのは彼らの一人ひとりの内側に蓄積された技能だ。物理現象を観察し、本質を見抜き、的確に技術的な解を設計して実用的なエンジンに仕上げる——短い速度で技術開発を繰り返す自動車業界の現場で鍛えられてきた技術者達の技能にこそ、僕は期待している。

もう1つ、僕が自動車産業の技術者に期待していることは、ターボポンプの設計だ。自動車のターボチャージャーは、実はロケットエンジンに必須のターボポンプという部位と、ほぼ同じ構成なのである。実際、過去には茨城県の肝いりで、茨城地場の企業が自動車のターボチャージャーをそのままロケットエンジンに使えないかと試験したことすらある（中核人物が亡くなられてしまったので、そこで止まってしまったが）。

**Q　ISTはそんな大計画に参加して補助金を取って、本当にやり遂げることができるの？**

**A　できる——僕はそう確信している。**ライバルはいるし、みな手強い。それでもISTは、2013年の起業から、これまでのロケット開発で十分な経験を積んできた。まだまだ僕らのロケットは小さいが、ロケットの飛行原理と必要となる技術は大きくても小さくても同じだ。

実際問題として、大きなロケットの開発においては、大型ロケットエンジンの長時間燃焼を行なうための大型のテストスタンドの建設と、何回も何回も繰り返す燃焼試験そのものにかかるお金が馬鹿にならない額になるのだ。資金さえ調達できれば、大型のエンジンを開発することも可能だと考えている。何より僕らは、ロケット開発のために正しいことしかしていない。正しいことならなんでもやってきた。そのことには自信がある。

**Q　じゃあ、今一番欲しいのはお金？**

**A**　もちろんお金は欲しい。が、それだけではロケットの開発はできない。端的に答えよう。**欲しいのは人だ。**技術・技能と熱意とを兼ね備えた人である。ISTには航空宇宙業界だけでなく、自動車・船舶・製鉄・プラント・電機メーカーなどあらゆるものづくり業界から人材が集まって開発を進めている。これほど面白いものづくりの現場はない！　興味がある人はぜひISTに連絡してほしい。

# 第5章

# 日本は宇宙産業で世界をとれるか

対談 堀江貴文×稲川貴大（インターステラテクノロジズ㈱代表取締役社長）

対談

# ロケット開発の本当のところ

堀江貴文×インターステラテクノロジズ株式会社　稲川貴大

稲川貴大・プロフィール

インターステラテクノロジズ株式会社代表取締役社長。1987年生まれ。東京工業大学大学院機械物理工学専攻修了。学生時代には人力飛行機やハイブリッドロケットの設計・製造を行なう。修士卒業後、インターステラテクノロジズへ入社、2014年より現職。経営と同時に技術者としてロケット開発のシステム設計、軌道計算、制御系設計なども行なう。誰もが宇宙に手が届く未来を実現するために小型ロケットの開発を実行。日本においては民間企業開発として初めての宇宙へ到達する観測ロケットMOMOの打上げを行なった。また、同時に超小型衛星用ロケットZEROの開発を行なっている。

――スペースＸやジェフ・ベゾスのブルー・オリジンなど、海外の宇宙開発ベンチャーが目立つようになってきました。実際にゴールドマン・サックスなどの投資銀行では、通信衛星サービスの拡大などを視野に２０４０年までに宇宙ビジネスの市場規模は１兆ドルに達するという予測もあります。

**堀江**　まず、どうして宇宙開発のベンチャーが世界中で次々に登場しているかというと、今は、宇宙での衛星の本格的な利用が視野に入ってきたところなんです。たとえば、インターネットでいうと、「とりあえずインターネットをつなごうか」という世界から、つないでビジネスになり始めているような、ちょうどそういう時期だと思うんです。

衛星でいうと、それこそ数十から上は１万機以上の衛星を打ち上げて地球を覆ってしまう衛星コンステレーション（※１）が実際に使えるようになり始めたということも大きい。コンステレーションが実際に構築可能になったのは、キューブサット（※２）なんかの小型で安い衛星が出てきたから。実際に小さくて安い衛星がどんどん打ち上げられるようになり、それ向けの部品や開発のノウハウが蓄積されてきた。

実は、この小型化の流れというのは、「なつのロケット団」で僕らがロケットを作り始めた十数年前に、メンバーの1人だった宇宙機エンジニアの野田篤司さんが「絶対そうなる」って、強力に主張していたんです。あの頃はみんな「本当にそうなるんですか??」と半信半疑だったけど、本当にそうなった。現場の本当に最前線にいた野田さんだからこその話ですね。彼はもっと前の1990年代から同じ主張をしていたって話だよね。

**稲川**　そう考えると、時間が経つのは早いですね。新しい技術の流れを社会実装するのに30年もかかるのかと思うと。とかく世の中が変わるのには時間がかかりますね。

**堀江**　スマートフォンというまったく新しい情報通信機器が出現したことが決定的だったね。スマホという巨大市場が立ち上がったおかげで、各種半導体センサーやプロセッサーが安く、小さくなった。それらの部品って、結構衛星やロケットに使えるんですよ。野田さんも「携帯電話からディスプレイとテンキーを外せば衛星になる。しかもカメラもついている」という話をしていましたが、スマホならディスプレイをはずすだけでいい（笑）。衛星がとにかく安くなったので、地球低軌道に1万機飛ばせるようになった。

もし、スマホが軌道に乗るんだったら、同じ技術は通信の中継にも使えるわけで、たとえばアップルは端末だけでなく、キャリアまでカバーすることができるじゃないですか。彼らはそんなことやってないけれど。

アップルならぬ、スペースXとかワンウェブはそういうサービスを通信衛星コンステレーションで実現しようとしているわけです。

世界中どこに行っても電源さえあればネットにつながるという話になったら、多分世界は変わると思う。たとえば、気象観測地点みたいなものがあって、太陽電池パネルで充電をしながら、その場所の気象データを衛星経由でどこにでも送れますみたいなこともできるし、IoT的な文脈で言ったら、世界で1億人が月1000円で衛星からのデータを利用すれば、それだけで月1000億円。月1000円だったら払う人は結構いそうだよね。

**稲川**　全地球インターネットはわかりやすいですよね。どこにいても、インターネッ

トにつながる。そうなったらどこにどんな種類の情報が流れているかってトラフィックのデータだけでも大変な価値が出てくる。金融機関の予測にも使われると言われています。たとえば、駐車場の混雑具合から、その店舗の今期の業績を予想するとか。地球観測衛星コンステレーションについては、様々な解像度やセンサーを持った会社が出てきていて、軍事衛星でやっていたレベルの画像が使えるようになりますね。SAR（合成開口レーダー）の衛星が何十機か飛ぶようになったら、衛星データを地図屋さんとデータ解析屋さんが組んで分析するようなサプライチェーンができてくるかもしれません。毎日できたての地図が出荷

される、って感じです。そういうデータがグーグルマップみたいないくつかの大手のマップに使われたり、また会社そのものが統合されたり、差別化の武器になったりで、色々と劇的な変化が起きるであろうことが、簡単に想像できますよね。現状はまだ妄想にすぎないものもあるけれど、様々な用途が考えられていて、もうそろそろ具体的な使い方も見えてくるんじゃないかなと思います。

## ロケットは、やってみないとわからないことが多い

――自分達の手で一歩一歩、ロケットを作ることの楽しさ、苦しさってどんなものですか。

**稲川**　直近のISTは、2019年12月末から2020年の1月2日にかけて、低温状態でロケットが飛ばせるかどうかということでMOMO5号機の打ち上げの実験をしたんです。ご存じの方もいるかもしれないですが、通信に使用するCANバスとい

う箇所のトラブルで打ち上げを見送りました。その後、早朝から低温試験をして原因を確認したのですが、ICとケーブルのつなぎ方とか電線とかそういうところに原因があるのではないかというところまで突き止めました。低温だとどんなことが起こるのか、シミュレーションして実際にテストして、全行程の通しリハーサルも数回行なって、最悪の事態を想定して手を打ってと、事前準備を重ねて万全の態勢を整えた、と思って打ち上げに臨んだわけですが、それでも本番で何かトラブルが出る。ロケットを作る苦しさ、ってこれです。なにしろ、人もお金も動いているので、そうした大変さはあります。

でも、そうやって完成度を上げていくしかない。オープンな場で試行錯誤をするというのは、JAXAではできないことなので、これは民間企業の僕たちがやっていくしかないかなと思っています。むしろ民間企業の特権と考えるべきなのかも。

**堀江**　2019年5月のMOMO3号機は宇宙空間に到達していただけにね。次は当然成功、というわけではないというのがつらいところだよね。ロケットには天候によるトラブルもあるのだけれど、氷結層の問題（※3）でトラブルが起きることもある。

――氷結層って、ロケットへの落雷を誘発する雲の層ですよね。

**堀江**　それそれ。JAXAの打ち上げではずいぶんと注意している。僕らももっと注意したほうがいいのかなって。

**稲川**　かなり昔ですが、アトラス・セントール（※4）というアメリカのロケットが、ロケットへの落雷で失敗してますね。アポロ12号も、落雷したけれど無事に飛んでいった。

**堀江**　多分、当時は途中でトラブルがあっても、そのまま飛んだりしてたんだろうね。2019年7月のMOMO4号機は、途中でロケットとの通信が正常にできなくなったから、非常停止したけど、昔のロケットの作りだったら、きっとあのまま正常に飛んでたよね。

**稲川**　昔の電子部品って、大きくて重いけれど、それだけにタフだったんです。電圧も高いし、電線も太いし。

**堀江**　そうなると電子部品の進歩がいいことなのか、悪いことなのかわかんないよね。ロケットの安全はもちろん最大限の努力をして確保しなくちゃいけないんだけれど、ロケット開発の初期は世界のどこでも今よりもずっとゆるい安全基準で、「なにか起きたら起きたまでのこと」みたいな感覚で作っていたでしょ。

――日本でも、東大のロケットが方向がそれて飛んでいっちゃって、畑の中に落ちたのを騒ぎになる前に拾ってきた、といったことがあったようですね。

**堀江**　だから今、ゼロからロケットを作るというのは、60年前と比べるとずっと大変で細やかな神経を使って進めなくちゃいけない作業になっている。ＭＯＭＯ４号機はまさにそうで、事故回避のために搭載コンピューターの判断でエンジンを緊急停止したけど、エンジンそのものは快調だったんだから、あのまま飛ばしてたら多分宇宙まで行ってますよね。このあたりは、本当に悔しいけれど、でもそれを「時代は変わった」と、飲み込んで進めていかなくちゃいけない。

**稲川**　アポロ12号なんて2回落雷してますからね。それでリセットだけで月まで行ってますからね。頑健ですよね。ああいうロケットが作れるのはすごいなって思います。

## 宇宙開発で日本は世界に勝てるのか

**堀江**　僕は今、海外のプレイヤー、今まだ水面下にいるプレイヤーにどんな企業がいるのか、そして、ISTはグローバルのマーケットで、どうやって戦えるのかということをよく考えています。

技術的には、小型ロケットを1本打ち上げられたら、開発費さえあれば、大型ロケットも打ち上げられる。ISTは、今の段階で、コンステレーション網を作れるくらいの潜在的な打ち上げ能力はあるんです。まだ衛星打ち上げロケットはないんですけれどね。

**稲川**　静止軌道に行かなければ、打ち上げ能力は小さくても済むという世界ですよね。

**堀江**　月や火星に行くことを考えると、また大変ですけど。それはでも上段で頑張ればいいんだよね。第4段目とか、3段目とか。だから今の焦点は、もう本当に何社ライバルが出てくるかだと考えています。

スペースXは、うまくやっていると思う。彼らの通信衛星コンステレーションの「スターリンク」は、同じ会社で衛星開発もロケット運用もやっている。だからロケットの仕入れ値が安いと思うんです。自分でロケットも作るし、打ち上げ需要も作る、ってやり方ですね。

**稲川**　スペースXはスターリンクで、ロケットのことをわかっているからこそ作れる、みたいな衛星設計をしてますね。たとえば、1回の打ち上げで、ファルコン9のロケットにまとめて60個のスターリンク衛星を搭載していますけれど、搭載方法にしても、畳のように薄っぺらい衛星を60枚積んで軌道にあげた。ロケットに合わせて、畳みたいな衛星を開発しているんです。これは同じ社内でロケットと衛星を作っていればこその合理性です。

**堀江**　やっぱりスペースXは強いよね。

ただ、それだけスペースXが先行してしまったから後発の会社が不利かというと、僕はそんなこともないと思っているんです。やっぱりその分野の技術って日進月歩で、スターリンクが成功したとしても、その後にもっと競争力のある安いシステムができるかもしれないし、多分作れると思う。

通信キャリアだと1つの国に3〜4社は普通に成立して、しかも十分な利益を上げられます。すでにそういう先例ができていて、次の世界がある程度見えている。だからこそ僕らも安心してロケット開発に邁進できるんですね。

## プラットフォームとしてのロケット

――有名な宇宙ベンチャー企業だと、スペースXの他にもアマゾンのジェフ・ベゾスがやっているブルー・オリジンもあります。

稲川　お金は使ってますね。ブルーオリジンは年間1000億円以上かけてロケットを開発していますが、日本のH3ロケットは、ここ数年の開発時で、ざっと年間で500億円ぐらいといわれています。

堀江　アマゾンは強いよね。アマゾンはAWSの中に衛星利用のサービスが入るわけでしょう。

稲川　衛星を完成するための地上局を、世界中に設置したAWSのデータセンターに併設して、その時間貸しビジネスを始めて、お客がつき始めているようです。日本の地球観測ベンチャーも、自前で地上局を持たずに済むからと、AWSをあてにして衛星計画を立ち上げてますよね。あれ安いんですか？　価格帯があまりよくわかってなくて。

堀江　リーズナブルではあるみたい。ただアマゾンは、一度そこにデータを預けるとそこから逃げられなくなるような仕組みになっているらしくて。エグいから気をつけなきゃいけないみたいな話もある。

**稲川**　商売ですからね。プラットフォーム事業ってそんなものだし、プラットフォームを握ってるところが強いんですよね。

**堀江**　スペースXの場合は、ファルコン9ロケットそのものがスターリンクのプラットフォームになっていて、同時に強みになっているって構図だよね。衛星向け地上局の時間貸しってのは、プラットフォームを押さえる戦略だから、AWSと同じようなサービスは色々出てきつつある。

――アマゾンの場合、衛星から受信した大量のデータをAWSのクラウドに置けるというのもポイントが高いです。アマゾン漬けにして逃げられなくするというか。実にうまいです。

稲川　小型ロケット「エレクトロン」を打ち上げているロケット・ラボは、市場価値がものすごく高いんですよね。ロケット運用だけでは、株式市場はあそこまで高評価はつけないでしょう。多分みんな、ロケット・ラボは衛星事業まで進出してくるはずだと思っているんです。まだ何を目指すかは発表してないですけれど、なにか一分野の衛星を打ち上げから運用まで垂直統合して、サービス分野ひとつをまるまる全部独占することを狙ってくるんじゃないかと思う。
ロケットは、ロケットであるというだけでなくて、ビジネスにとって基本のプラットフォームたるところの価値が高いと思うんです。上にどんどん付加価値を乗せていくことができる。

## 再利用というプロパガンダには騙されないぞ

堀江　ヴァージン・グループのリチャード・ブランソンがやっている衛星打ち上げロケットは、どうなんだろう。

**稲川**　「ようやく今年打ち上げる」みたいなことを毎年言っていますよね。衛星打ち上げ事業は、ヴァージン・オービットとして分社化しましたが、やっていることはすでにオービタル・サイエンス社（現オービタルATK）がやっているペガサス・ロケットとたいして変わらないように思います。完全独自開発の空中発射型3段液体ロケットですけれど。

――飛行機に吊して上空に持っていって、そこで切り離して発射する型式ですね。

**堀江**　あれ、なんで空中発射しないといけないんだろうね。

**稲川**　空中発射だと打ち上げ場所が限られないのと、軌道傾斜角を選びやすいという理由はあるのですが、それよりも、単にやっている側が飛行機が大好きとか、そんなこともあるんじゃないかと思います。

**堀江**　燃焼試験はうまくいったみたいですね。なのに打ち上げない。

**稲川**　時間がかかってますね。2019年の夏ぐらいに航空機からダミーロケットの投下試験をしてから音沙汰がない。

**堀江**　政府からの認可も面倒くさいんじゃないの。

**稲川**　それはありますね。めちゃくちゃ面倒くさいと思います。だってロケットだけではなくて航空面での審査も入るわけですよ。可燃性の液体推進剤をごっそり積んだロケットをぶら下げて飛ぶのだから、そりゃ厳しく審査されていると思います。航空機の審査制度って、何度もの事故を経て大変厳格で厳しいものになっているから、それをクリアするのは大変だと思いますよ。

**堀江**　大型の爆弾を積んでるようなものだよね。落ちたら大爆発炎上ですよ。そういえば、僕と稲川君との間では、合意ができているけれど、スペースXが進めている1段の再利用。あれはないよね。

**稲川**　なしですね。

**堀江**　決して再利用っていうプロパガンダに踊らされないぞって。過去に何回もみんなが騙されてるこのプロパガンダには絶対に乗らないぞって。

**稲川**　今もまた盛り上がってますからね。

**堀江**　ロケットって工業製品なんだからさ。大量生産したほうが安くなるに決まってるじゃないですか。スペースシャトルの失敗は、再利用が原因だし。それなのに、再びみんな間違いを犯そうとしている。

——どこかで再利用が割に合うポイントがあると思うんですけど、それは明らかに今じゃないってことですか？

**堀江**　僕は、割に合うポイントはない派です。ロケットに関しては。やっぱり圧倒的に必要な台数が少なすぎますよ。現状ではロケットエンジンの生産がギリギリなんとか大量生産と言えなくもない、というところなんじゃないですか。

**稲川**　衛星コンステレーションの分野でも、機数をどんどん増やして大量生産して、損益分岐点に近づこうという方向がありますね。

**堀江**　だから僕はクラスターで、ロケットエンジンを量産効果が出るぐらいまで大量生産して使い捨てるほうが、アプローチとしては簡単だし。技術的にも簡単だし。価格低減効果は高いと思う。再利用は、メンテナンスコストも、すごいかかるし。安全率とかも高くせざるを得ないし。

でも何より、僕は技術的な陳腐化のほうが怖いんです。再利用しようとしたからスペースシャトルなんて結局オービターを6機しか作れなかったわけでしょう。再利用するより使い捨てと大量生産でどんどん改良していったほうがよいと思うんですよね。再利用だと、何回も同じものを使うから、改良と性能アップが止まっちゃう。

## 衛星の普及で中国の体制が変わる!?

**堀江**　ライバルという意味では中華系はどう思う？　絶対にどこかがガツンとくるよね。

**稲川**　今、中国では宇宙輸送系ベンチャーがたくさん立ち上がっています。持っている技術も高いです。

――新型の長征5ロケットの開発の際に、若い技術者をたくさん育成したと聞いています。そんな人材が独立してどんどん動いてますね。

**稲川**　中国は立地はよくないんです。最近は海南島に射場を作ったけれど、それまでの射場は内陸にあって、失敗したら確実に国土に落ちる。それでよく打ち上げられるなと思います。

**堀江**　そのうち民主化運動が始まって、ある程度国民の権利を守らなきゃみたいな話になってくると、打ち上げもやりにくくなるだろうね。海南島の基地って使いにくいんですか？

――海南島にある設備は新しいロケットの長征5以降のものだから。それ以前の長征2～4は打てないです。

**堀江**　中国ですらそうですから。大樹町という場所が日本にあるメリットってすごいんですよ。あそこは射場として最高に素晴らしい場所っていうことを、みんな理解していない。日本はもっと利点を生かさないと！

――ところで、情報環境の変化は社会の変動を引き起こしますよね。中国は、一生懸命、ファイアーウォールを立てて、中を統制してるみたいだけど、衛星サービスが始まったら、国内で受信機を持っている人のところにどんどん情報が入るんじゃないかなと思うんですが。

**堀江**　まさに東西の壁、ベルリンの壁が崩壊したのと同じような現象が起きるかもしれない。1980年代、西欧で衛星放送の規制緩和が起こって、ルパート・マードックのスカイ（衛星放送会社）を筆頭に、放送衛星がバンバン打ち上げられたでしょ。電波には国境がないから、放送衛星の電波は東欧でも受信できたんです。密輸でパラボラアンテナと受信機を入手すると、西側の放送が見られるようになったんだよね。すると東欧の人達も、西欧の状況がわかる。西欧が、実はすごい豊かだったということに東側の人達が気がついちゃった。それもきっかけの1つになってベルリンの壁が崩壊しましたよね。

今なら北朝鮮や中国で、Twitter や Facebook や Instagram が送受信できるようになったら、どうなるんだろうね。高度100㎞以上なので、衛星そのものの上空通過を国家主権で規制することはできないですからね。地上局は違法になるだろうけれど、多分持ち込めるだろうし。知りたいって欲求は人間にとって根源的なものだから、止めようがないし。

## 日本が宇宙事業に進むべき理由——崩壊する自動車産業の受け皿としてのロケット産業

——ところで、ISTのライバルって、今後日本だけでなく世界中でどんどん出てくるんでしょうか。
打ち上げロケットの過当競争とか、バブル崩壊とか、あり得るんでしょうか。

**堀江**　僕は、当面はそんなにいっぱいは出てこないと思う。何より初号機打ち上げまでに、莫大な費用がかかる。スペースXは、ファルコン1までで、イーロン・マスクがPayPalで稼いだ全部を突っ込んでいる。
あと1回でも打ち上げが失敗していたら本当にやばかった。スペースXでさえ、なんとか生きながらえたんです。やっぱりある程度最初にリスクをとって、何十億という金を誰かが払わないとロケット事業はできない。しかも、その後もある程度政府の支援などがないと厳しいところはあると思います。

僕はＩＳＴはグローバル企業だと考えています。だから正直、「政府が支援しろ」とか、今まであまり考えなかったですよね。僕がもともといたＩＴ業界は政府の支援なんてなくても、進んでいましたからね。

でも、今や日本政府として、ロケット産業に突っ込むべき正当な理由がある。自分がロケットの事業をやっているからというわけではないですよ。自動車産業は、崩壊するじゃないですか。

**稲川**　堀江さん、恐ろしいことをあっさり言いますね。でも同意です。

**堀江**　だってそうじゃん。電気自動車になると、部品点数がどかっと減るし。すでに企業再編が始まっているところもあるし、かつては必要だった部品がなくなって、モーターと電池だけになってしまうのだから、多分相当な数の部品メーカーがいらなくなってしまう。

特に燃焼系のエンジニアは、行き先がなくなる。今でも20代でトヨタなどの自動車系のグループ会社に就職している人は、たくさんいるわけでしょう。その人達、今後絶対にいらなくなる。

そうなったら、どうするんですかっていうこと。国がひっくり返るほどの変化だから、政府の政策として、新しい産業を立ち上げて、彼らの働く先を作んなきゃいけない。

**稲川**　アメリカでもビッグ3がいる中で、テスラが出てきて、今やテスラのほうが企業価値は高くなってますね。日本だとまだピンと来ていない人のほうが多いけれど、世界的にはそういう流れになってます。

エンジンの部品を作っている業界の仕事はものすごく工夫されてますし、生産技術もめちゃくちゃすごいんです。ある会社を見学したことがあるのですが、1人の職人さんの前に機械が5つぐらい並んでるんですけど、材料を取ってセットして、これが動き始めている間に次のやつのこれをやって、動きながら次の工程のものを確認してって、回りながら、すべてのタイミングをどんぴしゃに合わせて作業するんですよ。か

なり複雑な工程なんですけど、すごい速度で部品ができていく。もう感動しました。シャフトにしろ、カムにしろ、あの複雑な部品が多数組み合わさってやっとエンジンになる。ほんと自動車はすごいですよ。設計から量産まで、積み上げてきたノウハウがものすごい。

でも電気自動車になると、こういうノウハウが一気に不要になっちゃう。電動モーターなんて、自動巻線機で量産できるんだから。

**堀江**　で、ロケット産業ならその人達の雇用を作れるぞって気がついたんです。だって、ロケットには燃焼が必須だから。電気では絶対宇宙に行けないから。燃焼系のエンジニアはロケット業界で活躍できるんです。

現に今のＩＳＴには、自動車産業から転職してきた人がいますし、それ以外にもプラント、IT、電機メーカー、鉄鋼業とあらゆる業界からきたエンジニアが仕事をしています。これから自動車業界で不要になる人数をロケット産業がすべて吸収できるわけではないですが、ある程度は吸収できるでしょう。

それに、日本には大樹町という場所に、世界一と言ってもいい大変な優位性があるわけですよ。工場と射点がすぐ近くにあって、しかも東から南にかけて、どの方向にも打ち上げ可能って、こんな恵まれた場所は他にないでしょ。ロケット・ラボはニュージーランドからエレクトロンロケットを打ち上げているけれど、彼らの射点は北島のマヒア半島の先端という、ニュージーランドの一番辺鄙なところにあって、最寄りの町から自動車で3時間くらい移動しないといけないらしいんですね。

工場が近いという意味では、スペースXにも勝てる。スペースXは、ロサンゼルスで機体を作って、フロリダまで送っています。これが、たくさん打ち上げるようになると、効いてくるはずです。アメリカでは、何日もかかって船で送ったり高速道路で送ったりする世界ですが、日本なら「すぐ隣の射場から打ち上げられますよ」ということになる。これはすごいことです。

しかも、大樹町は別に辺鄙な場所でもなんでもない。日本の普通の地方の町でしょ。

**稲川**　市街地なら光ファイバーが来ているし、携帯電話会社に頼めば射点付近にアンテナを立ててくれますしね。頼んだので、近々5Gも使えるようになりますよ。

**堀江**　しかも日本は、工作機械から先端素材まで国産で揃うんです。これってものすごい優位ですよ。さらには国内の金融市場がある程度整備されているので、お金も集めやすい。日本には技術もあるので、技術者も集めやすい。

**稲川**　今や基幹産業である自動車産業が立ち行かなくなっているから、そこから人を集めることだってできる。大量生産に向けては、自動車産業が構築したサプライチェーンを転換すればいい、と。

**堀江**「日本は、ロケット打ち上げという面ではめちゃくちゃ恵まれてるじゃない」って。しかも考えていくと、どんどんロケット産業に国が投資すべき理由が見つかるんだもの。

今、日本はかつて得意だったはずの科学技術で、アメリカと中国にいいように手玉に取られているわけですよ。新しいものがなんにも出てこなくなっちゃった。その中で、これだけ好条件が揃っているロケットって、少なくとも今後投資すべき分野の何本かの指に入らなきゃ嘘だよね。この話はポジショントークでもなんでもなくて、これだけ日本に優位性があって、将来性もある産業はなかなかないから。だって、今さら自動車や飛行機を作るより、こっちのほうがいいでしょう。そう思いません？日本って、ポテンシャルがすごいんですよ。潜在的にはものすごく成長する可能性がある。

**稲川**　やっぱりこういう話は、きちんと世間に伝えていかないと。

**堀江**　僕も、今まであまり話してこなかったんだよね。別に政府に頼らなくていいやって思ってたし、今まで頼ったことはなかったたし。ＩＴの世界は頼る必要がなかったから。

でも、これからは、とにかくいろんな人たちに会ってレクチャーして、宇宙産業がいかに日本に必要かと、しつこく言っていくつもり。

これは、僕たちのポジショントークだけじゃないんだっていうことを、もっとみんなに知ってもらったほうがいいと思っている。

最近は、自動車業界の人達がこうした話を聞いてくれます。トヨタさんはやっぱり一番考えていると思う。自動車産業の崩壊は、EV、自動運転って2段階で来る。まず第1段階でサプライチェーンが崩壊する。社内の燃焼系エンジニアどうするんだ問題が発生する。次は、自動運転で必要な車の台数が少なくなるので、産業規模が小さくなるという問題が出てくる。これが第2段階ですよね。

だから僕が今、自動車メーカーにお勧めしてるのは、ロケットに金を使えということと、パーソナル・モビリティに金を使え。パーソナル・モビリティは、スマホみたいに1人1台になると思うので、めちゃくちゃでかいマーケットが新たにできると思うから。そこをきちんと理解して投資をしてるベンチャーはまだ少ない。今からでも全然勝負になるかなって。

――ロケットと、パーソナル・モビリティなんですか。

**堀江**　そう。パーソナル・モビリティって、スマホと同じなんです。スマホをシェアする人はいないでしょ。やっぱり自分のものとして持っていたい。パーソナル・モビリティも、自分だけのものとして所有するものになると思う。とすると、そこにはスマホ並みの巨大市場があるということになるよね。

――一時の流行だったシェアサイクルは失敗しましたけれど、そういう理由ですか。なるほど。

**堀江**　もちろん立ち上げ期は色々な試行錯誤が必要だから、シェアサイクルの試みも有意義だったと思いますよ。でも、パーソナル・モビリティはシェアじゃないんです

よ。パーソナライズドなんで。バッテリーの持ちとか充電時間もあまり関係ないんです。ラスト1マイル走ればいいので。となると、パーソナル・モビリティは、意外とiPhoneみたいに既存の部品の組み合わせだけでできて、多分ゴリラガラス（※5）みたいな便利で美しい素材が、決め手になっちゃうのかもしれない。iPhoneが成功したのって、前面に使ったものすごく丈夫なガラス、ゴリラガラスってやつだけれど、それのおかげのような気がするんだよね。iPhone以前のPDAは全部表示部分がプラスチックだったじゃないですか。ゴリラガラスのおかげで、「1枚の板」というスマホの商品イメージが固まり、市場に受け入れられたって気がするんだよね。

## ロケット業界にエンジニアを呼びたい

稲川　とにかく、今ISTとしては、人材が欲しいですねえ。

堀江　ZEROに向けてどんどん優秀な人を集めないといけないフェーズになってい

るよね。強調したいのは、日本のこれからを考えれば、自動車メーカーに行っている場合じゃないよと。特に燃焼系をやっているなら、ロケットに来ないと、仕事もなくなる。

ＩＳＴとしても、お金は打ち上げに成功するたびに集まりやすくなるんですけど、人はそんなに簡単には集まらなくて、時間がかかるんです。

やっぱり日本人は保守的な人が多いから、いきなりスペースＸに就職する人って、少ないわけですよ。大学でも、東大なんか行かないで、ハーバードに行くっていう人は、マイノリティなわけじゃない。

日本は、世界有数の科学技術大国なので、優秀な人材はいるし、その中でも国内にいたいという人達は絶対にいるので、そういう人に来てもらえるといいですよね。

※１　**衛星コンステレーション**　人工衛星によるシステム。複数の衛星が協調して動作するもの。地球の大気や地表の三次元画像などを作成できる。
※２　**キューブサット**　大学の研究室などで使われる小型の衛星。10㎝×10㎝×10㎝のサイズのものもある。
※３　**氷結**　層雲の中の０度からマイナス20度の層のこと。氷結層では氷の粒が衝突して電気を帯び、落雷へつながることもある。
※４　**アトラス・セントール**　アメリカの使い捨て型軌道投入用ロケット。１９６２年から１９８３年までに打ち上げに利用された。

※5　**ゴリラガラス**　アルカリアルミノケイ酸塩のガラス。高い透明度と強度を誇っている。特に強度はプラスチックの数十倍といわれ、衝撃や傷に耐えることが可能である。

# あとがき

## ISTは、世界有数のロケット企業になる

今のISTは、MOMO3号機で高度100㎞に到達した、押しも押されもせぬ宇宙企業だ。しかし威張ってふんぞり返ってしまうわけにはいかない。高度100㎞のカーマンライン到達というのは、たとえて言うならばロケット開発企業としてはなんとか仮免許を取得できたくらいのレベルだ。衛星打ち上げロケットにはクリアしなければならないハードルがまだまだたくさんある。

それでも姿勢制御や強度計算、主に民生品の部品を使っての格安生産、ガスジェネレーターガスジェット（GGG）を使ったロール制御技術の習得（これはおそらく世界初だ）などなど衛星打ち上げロケットでクリアすべき課題をいくつかこなしたので、一から作るよりはかなり短期間で成功に近づける。特に最後のGGGによるロール軸

回りの回転の制御は、軌道投入のできる次のロケットZERO用エンジンにつながる結構大きな成果だ。GGGの技術は、エンジンに必須のターボポンプを回すためのガスジェネレーターの技術に、そのままつながっているからだ。

さあ、次の衛星打ち上げロケットZEROに向けて開発を加速しなくてはいけない。ISTにおける自分の主な役割は、資金調達およびPRだ。現場のチームの頑張りを次の資金に変えていかなければならない。

宇宙先進国であるアメリカには、宇宙へ到達できずに倒産の憂き目に遭った会社は山のようにある。成果がコンピューター・グラフィックスの綺麗な絵しかないものだから、CGベンチャーと揶揄されたりもする。

衛星打ち上げ用ロケットを実現できれば、その次のステップである大型化は主に資金力の問題になる。ZEROの打ち上げに成功すれば、資金もかなり集まりやすくなると思う。

そこまでいけば、きっとISTは世界有数のロケット企業になれるだろう。もう少しだ。

風呂場での実験から世界を目指し、僕らは、これからも一歩一歩進んでいく。

堀江　貴文

**【参考文献】**

堀江貴文『ホリエモンの宇宙論』講談社（2011年）
堀江貴文『本音で生きる』SBクリエイティブ（2015年）
あさりよしとお『宇宙へ行きたくて液体燃料ロケットをDIYしてみた』学研教育出版（2013年）

# 「みんなのロケット」を
# みんなの力で飛ばそう！

インターステラテクノロジズのロケットは、「みんなのロケット」として、たくさんの方に応援していただいています。もし、本書を読んで、自分も応援したい、自分もロケットの打ち上げを見届けたい、日本の宇宙開発やロケット開発に貢献したい、と思われた方がいらっしゃいましたら、ぜひ、下記QRコードより、“投げ銭”をいただけましたら幸いです。動画はじめリターンもご用意しております。

※このキャンペーンは予告なく終了させていただく場合がございます。あらかじめご了承ください。

著者略歴

## 堀江貴文（ほりえ・たかふみ）

1972年福岡県生まれ。実業家。SNS media&consulting株式会社ファウンダー。インターステラテクノロジズ株式会社ファウンダー。元・株式会社ライブドア代表取締役CEO。東京大学在学中の1996年、23歳でインターネット関連会社の有限会社オン・ザ・エッヂ(後のライブドア)を起業。2000年、東証マザーズ上場。2004年から2005年にかけて、近鉄バファローズやニッポン放送の買収、衆議院総選挙立候補など既得権益と戦う姿勢で注目を浴び、「ホリエモン」の愛称で一躍時代の寵児となる。2006年、証券取引法違反で東京地検特捜部に逮捕され、懲役2年6カ月の実刑判決。2011年に収監され、長野刑務所にて服役するも、メールマガジンなどで獄中から情報発信も続け、2013年に釈放。その後、スマホアプリのプロデュースや、2019年5月に民間では日本初の宇宙空間到達に成功したインターステラテクノロジズ社の宇宙ロケット開発など、多数の事業や投資、多分野で活躍中。

SB新書　507

**ゼロからはじめる力《ちから》**
**空想《くうそう》を現実《げんじつ》化《か》する僕《ぼく》らの方法《ほうほう》**

2020年4月15日　初版第1刷発行

著　者　堀《ほり》江《え》貴《たか》文《ふみ》
発行者　小川 淳
発行所　SBクリエイティブ株式会社
〒106-0032　東京都港区六本木2-4-5
電話：03-5549-1201（営業部）

装　幀　長坂勇司（nagasaka design）
本文デザイン　荒井雅美（トモエキコウ）
カバーイラスト　小山宙哉／講談社
本文図版　宮嶋一雄（朝日メディアインターナショナル）
写　真　伊藤孝一（SBクリエイティブ）
組　版　白石知美（システムタンク）
編集協力　松浦晋也
印刷・製本　大日本印刷株式会社

本書をお読みになったご意見・ご感想を下記URL、
または左記QRコードよりお寄せください。

https://isbn2.sbcr.jp/04134/

落丁本、乱丁本は小社営業部にてお取り替えいたします。定価はカバーに記載されております。本書の内容に関するご質問等は、小社学芸書籍編集部まで必ず書面にてご連絡いただきますようお願いいたします。

ISBN 978-4-8156-0413-4